# 向上的花朵

## 女性的婚姻、爱恋与觉醒

清凉 著

中国纺织出版社有限公司

# 内 容 提 要

本书通过解读文学与影视中的女性形象,再现当下女性在婚姻、爱情和生活中的困境。作者以女性视角,透过伍尔夫、简·奥斯丁、毛姆、勃朗特姐妹等作家笔下的女性命运,试图带领更多女性在时间里沉思、觉醒,走出一条属于女性的新生命之路。

## 图书在版编目(CIP)数据

向上的花朵:女性的婚姻、爱恋与觉醒 / 清凉著. 北京:中国纺织出版社有限公司, 2024.8. -- ISBN 978-7-5229-2000-9

Ⅰ. B825.5-49

中国国家版本馆 CIP 数据核字第 2024KS8047 号

---

责任编辑:刘 丹　　责任校对:李泽巾　　责任印制:储志伟

中国纺织出版社有限公司出版发行
地址:北京市朝阳区百子湾东里A407号楼　邮政编码:100124
销售电话:010—67004422　传真:010—87155801
http://www.c-textilep.com
中国纺织出版社天猫旗舰店
官方微博 http://weibo.com/2119887771
北京华联印刷有限公司印刷　各地新华书店经销
2024 年 8 月第 1 版第 1 次印刷
开本:787×1092　1/32　印张:7.5
字数:60千字　定价:42.00元

---

凡购本书,如有缺页、倒页、脱页,由本社图书营销中心调换

# 前言
## 阅读女性，不止于此

关于何时关注女性文学，准确的时间我大致也是记不得了。上学的时候看了很多经典的欧美文学，如《简·爱》《呼啸山庄》《小妇人》等。这些文学经典作品，讲述了很多女性的故事。在当时，我无法理解和解读其背后更加深层的意思，大致是看了个热闹，对女性文学的概念更是没有。在这些以女性为主要角色的作品里，我看到了不一样的女性角色，对她们的生命故事印象非常深刻，她们的爱情、友情、亲情，全在作家的笔下生花。殊不知，这可能就是女性意识在渐渐苏醒，潜移默化地影响到了后来的我。

上了大学以后，我第一次在图书馆琳琅满目的书籍中看到了伍尔夫的《一间自己的房间》。这本书是伍尔夫1928年在剑桥大学的两篇演讲稿的合集。从这部闪烁着女性智慧光芒的作品里，我终于看到了完全觉醒后的女性知识分子的样貌。这种远见卓识，对女性生活的切身理解，以及提出的疑问和思考穿越了她所处的时代，如警钟一般敲响。女性的生存困境、历史对女性的偏见，伍尔夫全部写进了这本书中。这本薄薄的又沉甸甸的书唤醒了几代女性沉睡的思想，而她自己的一生也像传奇一样，不断被人们提起。

此后,我又看了许多女性主义的作品,对我本身的性别有了新的理解与认知。一名写作者应该关注所处的时代,以及身边的小人物、生活空间。而我想,身为写作者,也应该去关注那些与我一样的女性同胞,书写她们的困顿和生命的存在感。我自己也写小说,近年以女性为主题进行创作,看了很多关于女性的电影和小说,我同时也做女子读书会,周末会举办女性阅读沙龙,有越来越多的女性加入这个明亮又温暖的队伍中来,女性的力量远远比我们想象中的更强大。在阅读的过程里,女性彼此沟通交流着生活的点滴,努力找到生活中的平衡点，女性可以拥有更好的生活，这不再是一种"想象"。我在回溯和试图找到一条女性的新的思考跑道，用阅读与实践相结合的方式去更好地解读和书写当代的女性故事。

北京的春天是短暂的，趁着春天还未结束，我参加了一场沙龙活动，在天桥艺术中心见到了北京师范大学张莉教授谈"女性写作和阅读"。在这场座无虚席的沙龙上，可以看出我们这个时代对女性的高度关注，以及人们对女性写作和阅读的热忱。正如张莉教授所说的那样，女性真正意义上的写作是在民国，女性解放运动在"五四"这一天轰轰烈烈地开始了。它鼓励女性追求自由、解放思想、勇于接受新事物，女性有更高层次的理想信念，追求男女平等、人格独立，思想空前进步，是中国女性从裹小脚到剪短发的自我发现的突破，她们勇敢地走出了传统的父权之路。

当时很多女作家都受到了五四运动的影响，这些进步思想在张爱玲、苏青、萧红、丁玲、林徽因、冰心的文章里都能够看到。女作家们探讨女性的困境与现状，为"她们"发声。苏青和张爱玲曾在一场沙龙活动上谈到女性，她们所说的内容就是放到今天也是很激进的。

鲁迅看过挪威戏剧家易卜生的作品《玩偶之家》以后在文章中感慨女主人公"娜拉走后怎样",走出婚姻的娜拉,是不是能在社会中生活得更好,女性社会化的前进步伐有没有遇到阻碍?这是鲁迅担忧的一点,娜拉的前景并不乐观,将来她要么回来,要么堕落。民国女作家苏青在《第十一等人》里面论说女性的命运,被解放的女性该如何获得更好的生活呢?

已经不是"第十一等人"的女性肯定不会再回去裹小脚了,她给出的答案是"放在女人面前的只有一条道路,便是向上!向上!向上!"时间往近代走一走,北京的才女林徽因一边写诗歌,一边为古建筑走遍全国,她是中国第一位女性建筑学家,中国现代文化史上的杰出女性……放眼望去,中国的女性解放运动并不漫长,前人走过的路,今天依旧有人在走。

从19岁冰心拿起笔开始写作到后来的丁玲、萧红、张爱玲、林徽因等,她们是那个时代的女性写作的群像,她们建构了中国女性文学的判断标准,使以前单一的标准变得更加多元,女性的视角更为广阔。

日本学者上野千鹤子在《厌女》中提到男女结构的问题,同时,文学也存在结构的问题,尤其是古代文学,李清照是当时其中较少代表女性写作的一位女词人，我们看到的绝大部分作品依然是李白、杜甫、苏东坡等男性文人创作的。

提起女性写作不是要制造两性的对立。事实上，女性视角一直以来是这个世界被忽略的一部分，女性的表达和书写正是在运用女性独有的视角包容和深刻地去看待问题，用更加丰富和广阔的视野看待现在与未来，而不只是一味地以男性角度去看待这个世界。

在我有限的阅读生涯中，我看了许多女性文学作品，耳熟能详的英国女性主义先驱弗吉尼亚·伍尔夫的作品、简·奥斯丁的小说、勃朗特姐妹文学、毛姆的婚姻小说《面纱》、萨克雷的《名利场》等，在这些经典著作中，我看到了各种各样的女性形象，而她们不断地提醒我再次归回女性的身份去看待文学里的她们、现实中的她们。

当然，也会有人说写作者是没有性别之分的，可是通过女性的视角看世界，也是一种看待世界的方式，它并不是一个狭隘的视角，在文学世界里看女性的婚姻与爱恋，讲述着更加真实、贴切的女性人生，她们并非娇弱的花朵，或是背负受害者勋章的常客，抛弃对女性的刻板印象，她们有自己的所思所想，有想去畅游的远途，不再是以工具人的身份出现，而是以鲜活的姿态出现在我们的眼前，她们不只被放在书架上。翻开小说的篇章，她们的面目清晰，一切都栩栩如生，那些人物唤醒我们去解读"她们"独有的内心世界，去共同感知那份女性的力量。

常言道，一千个读者有一千个哈姆雷特，这里的解读也只代表我眼中的解读，并非一种绝对的标准，这世上也允许存在千万种解读，我作为这千万之中的一个，又何其幸运？在这个时代的一隅，重新挖掘那些闪烁的女性之光，拿起笔讲述她们的人生，唯愿更多的人在这些女性身上感受身为女性的喜乐悲伤，从而找到自我与价值。

我想,这世上一定还有我们看不到的角落,生存着沉默不语的女性,我们应该为她们发出一个响亮、尖锐的声音,这声音不一定响彻云霄或堪比狮吼,但至少它能让你我身边沉睡的灵魂苏醒,让这声音不停地传递给下一个人。这是一本适合在清晨、午后,或黑夜里阅读的女性之书,在过往岁月里,让更多的人可以看见"她",在小说、影视和音乐里寻找到她们的身影。

不止于女性的婚姻和爱恋,也不止于阅读。

清凉

目 录

## 她们的婚姻

《面纱》：由一场错误的婚姻引发的悲剧
*002*

由《傲慢与偏见》的婚姻观想到的
*015*

简·奥斯丁和她笔下的婚恋价值观
*022*

为爱情走入婚姻，因婚姻告别爱情
*037*

七年之痒的婚姻保卫战
*048*

## 她们的爱恋

恋爱的套路千万种
*062*

张爱玲的人间烟火
*074*

当女性不再爱情至上
*082*

## 她们的觉醒

草坪上的思考
*096*

谈 18 世纪女性的自由行
*111*

向上的花朵
*120*

黑人女性的生命重建，她们就在这里
*130*

国际劳动妇女节的女性话题与伍尔夫
*136*

小青：那个古老爱情传说的功臣
*144*

当女性主义者谈恋爱
*153*

母亲的告白
*162*

《名利场》里 19 世纪的女性
*173*

# 附 录

时尚港女——黎坚惠
*194*

《春娇与志明》：现实以上，浪漫未满
*209*

# 她们的婚姻

## 《面纱》：由一场错误的婚姻引发的悲剧

毛姆的小说《面纱》于1925年完成，是毛姆在中国旅行时有感而发写出的一部作品，同时也烙印着毛姆的风格，是传统的现实主义小说。小说以爱情为引子，窥探了其背后的人性，探讨了婚姻里的背叛与救赎，追问了生活的真谛。

凯蒂是一位美丽虚荣且骄纵自私的女人，时光飞逝，很快到了谈婚论嫁的年龄。由于她对另一半很挑剔，错过了结婚的最佳时机，一时成为剩女，到了被家人催婚的地步。于是在非常着急的情况下，她选择了一个自己并不爱的男人，嫁给了物质条件很好的细菌学家沃尔特。由于两人是"闪婚"，凯蒂对沃尔特的了解并不深，婚后才发现自己嫁错了人，她无法爱上眼前这个"木讷、沉闷、保守、自制"的男人，沃尔特在别人眼中的优点，在凯蒂的眼中全是缺点，即便沃尔特用生命去爱她，也于事无补。

由于沃尔特工作的原因，凯蒂跟随

沃尔特来到中国香港生活，在香港结识了查理夫妇。她和查理眉目传情，很快两人陷入了热恋。她背叛了沃尔特，与查理开启了一段不正当的关系。这件事被沃尔特发现了，沃尔特非常愤怒，也很伤心，他感觉自己付出的感情就像没有用的废品一样被无情地扔进了垃圾桶，于是决定离开这里，带凯蒂去了当时瘟疫流行的湄潭府生活，让她不再与查理见面。

凯蒂本想和查理双宿双飞，可查理根本没想过离婚和她在一起，在他眼中凯蒂不过是露水之交，现实的当头棒喝让凯蒂立刻清醒了，也痛苦万分。她终于发现查理并不爱她，一切不过是一场欺骗、一个游戏。她点头同意跟沃尔特去湄潭府生活，准备忘却发生的一切。事实上，她内心并非想去，这也为后来发生的事埋下了伏笔。

在湄潭府的日子是枯燥的，那里有个修道院，凯蒂经常去，也受其感染，被里面的人感化，渐渐忘记了之前的情殇。面对沃尔特，她开始感到愧疚，并重新审视自己的所作所为，她自始至终都没有爱上沃尔特，就算沃尔特默默无言地付出，她也选择回避，不去接受，甚至做出了伤害对方的事情。她的内心无法安宁，也意识到了自己的错误，她想回到婚姻的正轨上，找回属于自己生活的重心。

就在此时,恶果开始滋长。

她怀孕了,很显然,孩子不是沃尔特的。在两人不断拉扯的过程里,婚姻被边缘化了,剩下的只有痛苦和无限的绝望,两个人都被这件事而折磨,深深爱着凯蒂的沃尔特最终选择了死亡。他已经明白眼前的这个女人是不会爱自己的,也认识到自己的婚姻有多么失败。在凯蒂的眼中沃尔特只是一个好人。如毛姆在小说中所言:"一个女人不会因为男人品德高尚而爱上他。"

最后剩下孤身一人的凯蒂不得不离开中国,她知道自己的愚蠢酿成了大错,已经无法挽回。她起身回到英国的家，殊不知却得到了母亲也刚刚离世的消息，面对双重打击的凯蒂心力交瘁。看到老父亲独守家中，眼前已是满目疮痍。她决定余生和父亲一起生活，并养育孩子。生命走了半圈，她终于开悟："我把她带到这个世界上来，爱她，养育她，不是为了让她将来把这辈子依附于男人。我希望她是个无畏、坦率的人，是个自制的人，不会依赖别人的人。"

造成这场悲剧婚姻的原因有很多，回到小说最初的那几个篇章，毛姆费心描写凯蒂的母亲。着重写到她是一个贪婪虚荣的母亲，将自己的女儿视为物品，当作换取光鲜靓丽的婚姻的筹码。

凯蒂之所以成为这样庸俗的女人与她母亲对她的教育有极大的关系，她的命运结局也是意料之中的事。小说中的沃尔特通过婚姻走向了幻灭，凯蒂在其中寻找救赎和重生。

《面纱》讲述了因一场出轨引发的一系列的悲剧故事，让我们看到了人性之中更多的假恶丑。毛姆对人物的刻画很细腻。他虽然自嘲是"二流作家"，但他总是出手不凡，用各种话语戳中要害。沃尔特即便知道自己爱上的是"愚蠢、轻佻、头脑空虚"的女人，却还是义无反顾地固守这份婚姻，从未想过离开。他的恋爱脑被毛姆刻画得入木三分。

毛姆客观看待故事里所有的人物关系，现实又深刻地剖析了凯蒂这样的女性，书中写了她从早期懵懂愚蠢到后来幡然醒悟的生命过程。小说的结尾凯蒂对自我有了重新的认知，萌发了尊重自己、爱护自己的思想意识。

小说的高妙之处也在这里：毛姆没有把所有事情都交代清楚，究竟凯蒂肚子里的孩子是沃尔特的，还是查理的，也没有得到医学的验证。毛姆用留白的艺术手法将小说结束，给读者留下了一个想象的空间，留白的部分由后人来编织，任其回味和解读这个故事。

《面纱》被誉为是毛姆创作的一部

女性精神觉醒的经典之作，被当时一些评论引导上了"女性追求独立自由"的方向，对此说法当时很多人持有不同的看法。毛姆是想通过凯蒂这一角色来书写当时英国的一部分女性形象。在当时的西方社会，像凯蒂这样的上流社会的小姐很多。再看1925年美国作家菲兹杰拉德的小说《了不起的盖茨比》，《面纱》中的凯蒂让我想起了这部小说里的黛茜，她们都是一样虚荣又骄纵、美丽又活泼且内心狂野的女性。

对于评论家口中的所谓女性追求独立自由的精神，究竟指的是什么呢？在小说中毛姆并没有具体的指摘，在当时的英国社会，很多女性并不能像现在的女性一样自如到随时可以从家庭中出来进入社会工作,她们争取到的个人奋斗空间极其少,很多女性还是以能够嫁给一个有钱的男人为目标。如果不是这一思潮影响着凯蒂,那么凯蒂也不会如此心切,嫁给条件优越但是她并不爱的男人沃尔特,这场婚姻的悲剧就是这个婚姻观念造成的。

《面纱》被誉为女性的觉醒之作,可小说中对女性精神的觉醒着墨并不多。我承认毛姆对人性深刻的理解与观察,以及他一针见血的观点,但在小说里更多地在描写一个愚蠢女人的出轨史,凯蒂对婚姻的背叛,以及沃尔特对爱情的忠贞,让我看到最后也无法同情这个女人的遭遇。

凯蒂的女性形象比较脸谱化,她最初像是一个没有灵魂的布娃娃,被父母捧为明珠,得到很多人的爱,自我意识在早期几乎没有,在中期和沃尔特去湄潭府生活的时候,也是懵懵懂懂寻找一种自我的救赎之路,然而方向是错的,命运把她推到了绝境,这一切她都没有主动有意识去改变,她的人生是很被动地往前发展的。

在小说的结尾,凯蒂说:"我想要个女孩子,因为我想把她养大,不让她犯我犯过的错误。当我回头看过去的那个我,我恨自己,可是我别无选择。我要把我的女儿抚养大,让她成为一个自由、独立的人。"

这是凯蒂经历一切后最终悟到的真谛,成为一个自尊自爱、独立自主、有自我认知和价值的女性。只是木已成舟,为时已晚。

我停下来思考了一件事,我们往往会告诉女性要自由、独立、坚强,却忘了跟她说该如何去追求自由与独立。凯蒂的悲剧是由一场错误的婚姻造成的,如果她最初没有和沃尔特结婚,那么就不会发生后面的悲剧,显然沃尔特并不是凯蒂爱的男人,那么查理呢?查理更不是。他从未尊重过凯蒂,没想过和她在一起。他们都不是对的人,那又如何才能找到对的人呢?

在找到真正对的人之前,我们应该知道自己想要什么,或者反过来说,我们至少清楚自己不要什么,这也是女性精神觉醒的第一步。如果说,凯蒂已经走进这片情感的丛林,那么离她走出这片丛林也许并不是一件遥远的事。

## 由《傲慢与偏见》的婚姻观想到的

  虚荣与骄傲是截然不同的两件事,尽管字面上常常当作同义词用,一个人可以骄傲但不可以虚荣。多数情况下,骄傲无非是我们对自己的看法,但虚荣指的是我们过于看重其他人对我们的评价。

——《傲慢与偏见》

简·奥斯丁，这个聪明的女人把人们往往忽视掉的一些现象做出了准确的诠释，以讽刺、风趣略带英式矫情的口吻呈现出一部探讨婚姻和金钱这个古老课题的小说。奥斯丁笔下展开的是一个充满田园风光的小镇里的人情世态，让读者看到了18世纪末19世纪初的英国社会的风貌，一个以女性靠婚姻可以改变命运的时代，在这一点从贝纳特太太对待她的五个女儿身上就不难看出，当一群有钱的单身汉闯进她们小镇的那天起，这位自称"神经衰弱"的太太就迫不及待地要将五个女儿介绍给这群男士们认识了。

在舞会上，她把大女儿简介绍给了

宾雷先生。贤淑美丽的简遇到了热情真诚的宾雷先生,并互生好感,这完全在她的意料之中。而与宾雷同道而来舞会的达西先生就显得木讷傲慢至极,谈吐和行为的傲慢引起了二女儿伊丽莎白的注意,聪明伶俐的伊丽莎白由达西的傲慢而产生了偏见,引起了很大的误会。

不难看出贝纳特太太对待婚姻的做法是出于一种极强的俗世化的目的性,五个女儿的婚姻问题全部出于对男方财产的考虑。当柯林斯拜访这一家人的时候(这个人要继承贝纳特老爷的房产,这意味着等贝纳特老爷死后她们会被扫地出门的现实),贝纳特太太又把二女儿伊丽莎白推荐给柯林斯，这样她和女儿们便可以继续安稳地在这里生活了。但一切不如她所愿，个性独立、有主见的伊丽莎白当场拒绝了柯林斯的求婚。这个在伊丽莎白眼中做派荒谬透顶又迂腐的男人，简直令她气愤得夺门而出。贝纳特太太不予理解地咒骂伊丽莎白是个愚蠢的姑娘。这不是两代人的代沟，而是两种婚姻观的对立。

奥斯丁用理性又刻薄的语言讽刺了那些只靠金钱来维护婚姻的人，男女主人公最后美好地结合，也透露出奥斯丁婚姻观的理想化，这或许正是奥斯丁终身未嫁的原因。聪明的女人多是刻薄的，这不仅让我联想到20世纪40年代的上海女作家张爱玲。在面对那个风花雪月、歌舞升平的大上海,畸形的社会发展导致出现了《金锁记》中曹七巧在婚姻中的扭曲病态的现象。两者的背景都是在一个封闭的社会下作者试图寻找一种女性的权利(自由)。

早期张爱玲的追求更是以一种女性主义的姿态出现的,也创作出了很多有代表性的女性角色,比如《红玫瑰与白玫瑰》里的娇蕊和烟鹂,两个不同的女性角色,一个是反传统的女性,一个是传统的女性,在面对婚姻时做出了不一样的选择。

张爱玲书写这些女性的人生,用

深刻的笔触去揭示了当时女性在父权背景下的生活现实，记录那个特殊时代下处于不同阶层背景的女性命运。小说中的她们也是当时社会的一个缩影。张爱玲用酸刻的文字写下悲凉的故事，背后是悲凉的婚姻观，逃不出时代对女性的束缚。

聪明的女人对待生活的理解都是透彻的，两个人在用各自的方式讲述女性婚姻的问题，不分种族与国别，道理是相通的。然而，当聪明的女人把对婚姻的看法写出来的时候，男权社会看到这些聪明女人写的东西后就变成了"不喜欢"，这便有了最具有代表性的一个说法。对张爱玲的看法，男性作家也曾经这样说过:"张爱玲对这种生活了解得很透,小说写得很地道。但说句良心话,我不喜欢。我总觉得小说可以写痛苦,写绝望,不能写让人心烦的事。"

## 简·奥斯丁和她笔下的婚恋价值观

关于爱情,莎士比亚说,爱情的黑夜有中午的阳光,爱情也是一朵生长在绝崖边缘的花,要想采摘必须有勇气。

英国文豪莎翁生前写下许多隽永的爱情故事,它们充满悲伤、欢喜、感动、绝望,这复杂又美妙的人类情感,令文学家们痴迷留恋,倾其一生为红尘中的痴男怨女著书立传,连莎翁也无法定义世间所有的爱情。

爱情有时候看上去就像人类发的一阵疯，看似生了病，其实是因为人陷入爱的沼泽，一时无法抽身。市面上描写爱情的作品多如繁星，在这些经典的作品里，把爱情和婚姻写得最通透和智慧的就属英国女作家简·奥斯丁。

正值简·奥斯丁逝世200周年，再次翻开《傲慢与偏见》，还是会被她风趣幽默的语言逗得频频发笑，也会为达西和伊丽莎白的爱情故事感慨万千。

简·奥斯丁的小说描写了人性美好的一面，让人在文笔舒畅和优美的情调中体会真实的人生。她写了女性的婚姻，关注女性的生活，小说唤醒了女性心底自由和独立的精神。她的作品影响了众多读者，她的魅力经久不衰，这其中的秘诀，学者、文人也写过，其中包括作家毛姆、伍尔夫。

那么，她笔下的婚姻究竟又是什么样的呢？

翻开简·奥斯丁的作品，在她的小说里展现了19世纪英国乡村中产阶级的日常生活和田园风光。在当时，女性的婚姻和爱情面临着许多现实的问题，通过婚姻改变命运的故事在当时并不陌生，简·奥斯丁很快意识到了这一切,并在小说里用人物的嘴说出了自己的很多看法。简·奥斯丁所提倡的"理智与情感",更多时候是一种思考方式,女性能够在理性与情感两者间找到平衡点,更好地生活。这是奥斯丁小说的艺术魅力,也是她所传达的思想。

简·奥斯丁的创作经验大多来自现实生活,搜集身边人的事,将日常中的点滴作为小说素材,加工成一部小说。她本人和她的作品同样具有魅力。她曾遇到良缘,却遭遇情人早逝的不幸;也有庄园的继承人向她求婚,她认为"单纯为了财产和地位而结婚是错误的",最终拒绝了对方,选择和她的姐姐一样终生未嫁。正如她在自己的作品中告诉世人的那样"如果注定要结婚，一定是要和自己所爱的人"。

这样的人生经历也为她的写作生涯增加了几分传奇的色彩，她把热情全部留在了那些小说里，代替她继续生活。

简·奥斯丁一生只留下了六部巨著，从她的第一部长篇小说《理智与情感》开始涉猎关于爱情和婚姻的主题，她对年轻男女情感的描写详实有趣，独具风格，鲜活生动地展现了18世纪末至19世纪初英国乡间中产阶层人们的生活样貌。

在传记电影《成为简·奥斯丁》中

就可以看到一个立体的简，人们从她的书中走进了她的真实生活，侧面了解到了简·奥斯丁的人生。电影中的她深爱着一个男人，为了爱情可以与情人私奔。电影中的简认为"这一世要做自己，哪怕一次。"然而爱情和婚姻往往是两件事，有时相爱的是一个人，结婚的是另一个人。很快这段感情以分手告终。

电影里，当庄园继承人向她求婚时，她果不其然选择了拒绝，她无法接受一场完全没有感情的婚姻，也无法认同婚姻是一种交换，在理智与情感的天平上不再摇摆，简·奥斯丁的内心已决，简认为不能和相爱的人在一起的婚姻，是没有意义的。

面对婚姻这道人生的课题,简·奥斯丁有自己的观点:"除非你真的喜欢他,不要做出太多的承诺或者想要接受他。没有感情的婚姻是最难忍受和持久的事情。"

婚姻观决定了人的选择。现实的生活和浪漫的爱情,面包与玫瑰的区别,让文学家、艺术家纷纷下海尝试。诗人为爱情高歌,小说家心力交瘁地去描绘爱情的情节。从小说里,可以看出简·奥斯丁对婚姻的思考是务实的,她没有完全头脑发热地陷入爱情的世界,有任何失礼的情节,她永远像保持优雅的步调在庭院里散步的女士，通过理性的思考做出自己的每一个决定，而能够做出这样选择的女性在当时极其少。简·奥斯丁的家庭环境属于当地的中产阶层，虽然不是大富之家，但生活也是衣食无忧的。

和简的时代相比，如今选择晚婚或不婚的女性越来越多。她们大多是优秀的都市女性，受过高等教育，经济独立，有自己的事业。在21世纪，女性婚姻的话题重新浮出水面，需要我们去面对。不同的时代有不同的困境，即便是有更多选择的城市女性，也要一边去职场打拼，一边还要走入家庭付出时间和精力，在时代节奏不断加快的当下，很多时候需要取舍。当婚姻以资本的姿态出现时,不可或缺的情感的部分是模糊的,女性是坚持理想的情感继续做单身贵族,还是该放低要求选择现实的生活?

看来关于爱情和婚姻这件事,远比我们想象的困难得多,或许在简·奥斯丁的小说里能够找到理性的思绪,重拾思考的维度。

抒写爱情的故事也并非易事,中国的文学家老舍一生作品巨丰,却对爱情的题材望而却步,为数不多。他曾经写过一篇爱情小说《微神》,是他本人很得意的作品,也是他的部分经历。这个故事的主人公让人揪心，不禁感慨，爱情真是让人伤透了心。

简·奥斯丁的另一部小说《傲慢与偏见》讲述了年轻男女的婚恋故事，从他们初识到相知、相爱，经过了一个漫长的过程，小说的人物一一展现了当时各个阶层的人们对婚姻的态度。人世间的爱在简的笔下如一缕春风，徐徐而来，女主人公穿着帝政裙在草坪上走过，花园的花朵摇曳，树影斑驳，简笔下的男女故事牵动着读者的心。

就像简的小说里的女性一样，人人都渴望遇到爱情，当爱情还没有来到身边的时候，至少人们还能在作家们的笔下翻阅那些经典的爱情篇章,以此来证明爱情存在的痕迹,让人们对美好的事物抱有向往,这也正是莎士比亚、简·奥斯丁等作家的作品历久弥新的秘诀之一。

主人公伊丽莎白和达西在舞会上互生好感,我们看到了爱的火苗在跃跃起舞,一段良缘正在萌芽。但是他们因为阶层门第的问题,在后来故事的发展中,达西误会了伊丽莎白,觉得她们家是因为男方的物质而选择婚姻对象,被误解的伊丽莎白勃然大怒,这种傲慢的偏见令她备受屈辱。小说里描写两个人在大雨中争吵,是全篇的高潮部分。

经过时间的考验，两人的误会得以解除，他们的感情战胜了外界带来的重重阻碍，再次回到庄园，氤氲的草坪上，两个人的身影由远至近，时间也仿佛停止了，花丛里的猫咪躲在暗处，伊丽莎白慢慢靠近达西，望着对方，心中有千言万语想要诉说。她紧握达西的手回应了这份感情，两个人互相依偎在一起，有情人终成眷属。如简所愿，他们因为爱情，走进了婚姻的殿堂。

这是简·奥斯丁一生都在叙述的文本，《理智与情感》《爱玛》等依然如此。女性在感情的世界里，从未停下思考的脚步，这是简永远在提醒我们的事情，不要忘记理性的思考。在婚姻的问题上她用小说的形式进行了自我分析与表述，这种价值观在当时也受其女性主义的意识刚刚崛起的影响。

简用小说将凄美的爱情故事娓娓道来，男女主人公最终以爱为前提而结合，共同搭建温暖、坚实的家。她的思想传递了女性对婚姻的美好向往，也用自己的人生兑现了承诺，如果没有遇到良人，她宁缺毋滥，终生未嫁。简终其一生，坚守自己的价值观念，没有违背意愿。

200多年过去，简·奥斯丁的作品依旧长盛不衰，她的小说通过时间的检验已成为经典，她的婚姻观也一直影响着各个时代的人们。在她极为短暂的40多年的岁月里,她的早慧使她觅到了人生真谛,并留下了这些动人的篇章。我们在她对婚姻与爱情的观点里,总能找到面对残酷现实生活时的希望,重拾那些被我们遗忘的勇气。她笔下的故事并没有因为时光的流逝而失去光泽,那些人物依旧跃然纸上,每段文字都像镶嵌了金边的首饰,在午夜里熠熠闪光。

某个阳光午后,我会从书架上拿出她的一本小说,阅读她写的那些经典故事。简·奥斯丁的思想穿越了百年与读者交汇,如奇珍异宝,也如一首古典又浪漫的长诗。她优雅迷人的气质,正像她笔下的女主人公一样引人侧目。

简·奥斯丁的文字提醒着人们,不管是过去还是未来,女性所面对的现实,是我们需要不断重复提起的话题。

她的故事不是过去时,而是属于此时此刻。

## 为爱情走入婚姻,因婚姻告别爱情

西蒙娜·德·波伏娃曾在《第二性》里写道:"婚姻必须是两个自主的存在的联合,而不是一个藏身之处、一种合并、一种逃遁、一种补救方法。"婚姻终究给人们带来了什么呢?人们因为爱情走入婚姻,但同时也因为婚姻告别了爱情。

在意大利作家多梅尼科·斯塔尔诺内的小说《鞋带》里,我看到一对夫妻为了维系一段婚姻付出了很多痛苦和泪水,甚至是生命的故事,它为爱情的美好蒙上了一层灰,而作者多梅尼科试图拂去上面的灰尘,让人们看清楚婚姻里那些掩埋的细节。

这是一个充满了欲望、背叛、伤心的婚姻故事,比电影《婚姻故事》里那对办理离婚手续的夫妻,感情还要破碎得更加彻底。丈夫的不忠让妻子陷入了绝望,孩子们仿佛看着古堡的城墙在倒塌,幼小的心灵笼罩了小小的阴影,婚姻的恶果在悄悄发芽,真正的危机在悄无声息地蔓延……

就像奥地利作家茨威格在小说《一

个陌生女人的来信》所写的开头那样,《鞋带》的开头写的也是一个伤透了心的女人的控诉。和前者娓娓道来的叙述不同,《鞋带》里的女主人公婉妲面临着分崩离析的感情:老公是一个小有名气的作家,身为家庭主妇的妻子婉妲知道老公出轨后,尽量让自己不要失去理性,面对突如其来的一切,她极力保持克制,试图用信件的方式呼唤他清醒过来、认清现实,期盼他能再次回到她和两个孩子的身边,重享一家人的快乐。

婉妲一封信一封信地写下来,寄给在情人身边的丈夫,她诉说自己的生活情况,没有工作的她遇到了经济的窘境,以及孩子面临突然没有父亲的事实。她曾几何时的浪漫主义在一丝丝减退,她仿佛演绎着只属于自己的独角戏,丈夫的冷酷比她想象的要严重,没有回复也没有同情。

这样做的效果并不理想,她的一次次告白和控诉,只会让她失去理性和判断,愤怒、嫉妒、伤心的情绪搅拌在一起,每天折磨着她,婉妲从未想过自己会成为一个被"抛弃"的女人。多年的婚姻生活因为丈夫的情变,而让所有的关系都处于矢衡的状态,阿尔多的绝情终于让她发了疯,她甚至用结束生命的方式来结束这场毫无休止的战争。她为婚姻死了一次,哪怕是她再次回到人间,她也心知肚明,伤痕已然留下。

当感情中的信任和理解消失，婚姻还需依靠什么维系下去？

多年后，婉妲终于认清了他们婚姻的本质。

老公阿尔多的心已然不在婚姻中了。他像个处于青春期里叛逆的孩子，为了逃课和反叛传统的制度，选择毅然决然地起身离开。他当时做得很彻底，离开妻子和孩子，阿尔多头也不回地投入情人的怀抱里，成功地逃出了婚姻的牢笼，解开了家庭带给他的枷锁。他对家庭不负责任和对妻子不忠，却以时代潮流的先驱者自居，美化了自己的罪行，以此让内心获得平静。

事实上,这场婚姻的失败,很早就有预示,像暴风雨来临前的狂风侵袭着这个摇摇欲坠的家庭。

在写阿尔多的篇章里,作者以丈夫的视角,讲述了很多在这场婚姻中自己的感受,抱怨了妻子在生活中的各种行为,他看不惯却也只能默默忍受,面对婉妲的严谨、霸道和苛刻,他感到非常压抑。在他的眼中,妻子的节俭甚至到了病态的地步。他曾经试图改变家庭的局面,希望彼此有多一些空间,但是失败了,他唯唯诺诺地承受着这一切。在家庭这个单位里,他变得暗淡许多,他对妻子最初的爱也消失殆尽了,婚姻消耗着彼此的热情。只要有机会阿尔多就会做出选择，终于情人莉迪娅的出现给了他这个机会，可以逃离所有束缚，甚至逃离对家庭的责任，一个丈夫、父亲的责任。

在这里我们看到了男主人公的自私，人格上的卑劣，试图通过自己的陈述，对出轨的行为进行辩解，完全以自己的出发点去看待生活，并做出了不负责的判断与抉择，这种无能、背信弃义的做法在孩子的心上留下了痛苦的记忆。阿尔多的自我感觉良好是他对自己的滤镜，他没有看到客观存在的事实，如果没有妻子背后的默默付出，他甚至无法保持现存的体面。

看似紧绷的感情，令每个人都是窒

息的、焦虑的。小说用多角度讲出了故事的全貌：分别以妻子的角度、丈夫的角度、两个孩子的角度展开叙述。我们看到的并不是扁平老套的故事，它立体地呈现了悲剧是如何发生的，以及这场婚姻是如何让每个人筋疲力尽的。

因为生活的种种无奈，回归家庭的丈夫阿尔多再次看到接受现实的妻子婉妲，两个人假装继续在一起生活，婚姻以一种虚伪的形式维系着。他们表面看上去风平浪静，殊不知暗下波涛汹涌，感情的裂痕深深地烙印在彼此的心中。阿尔多选择将情人封锁在角落里，不让别人发现他的小秘密，婉妲也不再像以前张牙舞爪，而是小心翼翼起来，闭口不谈往事,时间一天天过去,他们走到了暮年。有一天,夫妻二人在一次旅行回来,发现他们的家被人翻个底朝天,爱猫也不见了,那些暗藏心底多年的秘密也逐渐浮现眼前……

最后的篇章是孩子的角度,哥哥桑德罗和妹妹安娜用对话的方式呈现,不幸的婚姻不只给夫妻两个人带来伤痕,也给孩子留下了不可磨灭的伤痛。兄妹二人见证了父亲背叛母亲的全部过程,在他们幼小的心灵里留下了阴影,以至于长大后的哥哥桑德罗,和父亲一样"多情",和多个女人生下孩子,回忆父亲是如何教他系鞋带的,却没有告诉他怎么去解绑家庭的紧张关系。妹妹安娜是最痛苦的那一个，这个家没有人爱她，她就像多余的人——一个局外人，看着所有人的喜怒哀乐，分析他们的性格和情感，爱使每个人都变得脆弱。她开始歇斯底里，开始实施报复，捣毁了家里所有的东西，甚至带走了母亲最爱的猫。

面对这场婚姻，就像孩子们意识到的那样："对于我们的父母来说，把他们绑在一起的是他们可以一辈子互相折磨的纽带。"他们已经对这个支离破碎的家庭感到失望透顶了。

钱锺书在《围城》里说"婚姻是一座围城，城外的人想进去，城里的人想出来"。《鞋带》里展现了一对夫妻貌合神离的婚姻,这是一个司空见惯又不安宁的婚姻故事,它告诉人们,不是所有的爱情都如莎士比亚写的罗密欧与朱丽叶,大多数人都经历着平凡的生活,爱情的激情会随着时间褪去,作家多梅尼科·斯塔尔诺内用这样的故事告诉了我们一些婚姻的真相。

　　日子需要有趣、鲜活地度过。在一段婚姻里,女人也要找到自我,男人要守住情感底线,互相关爱、互相包容才能走得长远,这需要智慧和巧思。当爱情进入婚姻之后,它会以不同的面貌呈现出来,感情变浓变淡,如何调配,如何在婚姻里为爱情松绑,是每一个有勇气走入婚姻的人都需要思考的事。

## 七年之痒的婚姻保卫战

一直以来，韩国电影里的女性给我们留下了深刻的印象。从全智贤的《我的野蛮女友》开始，韩国女性之前给人以温柔、贤惠、软弱、乖顺的形象不见了，代之以坚强、独立、智慧、勇敢的女性角色越来越多。从戛纳影后全度妍的《密阳》里我们看到一个为了儿子可以坚强面对生命的母亲，经过失去儿子的阵痛，叩问灵魂深处，母亲最终寻找到一米阳光，重建救赎之路。

还有导演朴赞郁的电影《亲切的金子》，金子（李英爱饰演）一洗我们对女性温柔形象的固有认知，含冤入狱后的金子一心想要复仇，所有人眼中的天使——金子，在向坏人复仇的时候毫不手软，人物的反差加大了戏剧的张力，李英爱把金子饰演得非常彻底。对于观众来说，这是一部经典的作品，我们看到了人性的幽暗深邃，李英爱对人物的刻画是成功的，并让我们见证了女性并不软弱的一面。

前不久重新看了一部韩国老片，这是2012年的作品，是韩国忠武路女演员林秀晶主演的电影《我妻子的一切》。影片以妻子的角度道出了许多婚姻里女性内心的真实世界，这部电影如今看来也不失魅力。林秀晶将那个毒舌唠叨的妻子饰演得活灵活现，透出了几分灵气，美艳又不失优雅。

这是一部讲述七年之痒的爱情电影，女主和丈夫（李善均饰演）在日本邂逅，从相知、相识、相恋到走入婚姻，时间一晃七年过去，感情也淡了，因为太过熟悉彼此，没有了神秘感和新鲜感，丈夫也不愿再与妻子对话。身为家庭主妇的女主，每日与她接触最多的就是厨房。干枯的生活日常之下，妻子的性情也变得乖戾了起来，有时清晨醒来会和乱丢报纸的送报员发生争执，有时会逼着丈夫在上厕所的时候喝下饮料。妻子的爱显然是病态的，丈夫想要逃离这种环境的心愈加强烈。

丈夫每天谨小慎微，不敢招惹妻子，做什么都小心翼翼，卑微懦弱，妻子再也受不了死气沉沉的家庭气氛，哪怕听到吸尘的声音也觉得是好的，于是女主毒舌"活着的家里，总该有点声音"。看着眼前沉默不语的丈夫，她感到生活无望，前方一片黑暗，余怒未消，她干脆从冰箱里拿出一包香烟，抽出一支吸上一口，吐出一缕烟，情绪才能缓和一些。妻子的焦虑并没有被丈夫重视起来，丈夫反而不去主动沟通和理解妻子，他们成了一个屋檐下最沉默的人。

工作在丈夫的眼里是重要的，然而家庭的琐事就不重要了吗？当女性作为妻子的时候，牺牲了自己大量的时间和精力去极力维护这个小小的家庭，换来的不是呵护与爱，而是丈夫的冷漠。久而久之，当妻子再也感受不到任何幸福的时候，她对自己的婚姻产生了疑惑：在这场婚姻里她存在的价值是什么？该如何平衡个体价值和夫妻之间的亲密关系呢？

电影中林秀晶饰演的妻子是一个有些强势的女性，有很多自己的想法，女性的自我意识非常强烈。她遇到不合情理的事情总会一针见血地点破，女主这种敢言敢做的性格遭到了丈夫的嫌弃，丈夫觉得妻子不再是恋爱时那个可爱、乖巧、听话的女生了。他看着眼前陌生的妻子，确定不再喜欢，就像一个玩脏了的布娃娃，想要丢掉。

丈夫不能让妻子心情变好，又不敢主动沟通调整两人的关系，废柴丈夫最后想出了一个愚蠢的办法，让隔壁的情圣大（老）叔（王）去勾引自己的老婆，以此来逼退女主主动离开自己的世界。

看不到自己不足的丈夫，将女主

视为一个唠叨、不讲情面的女人。事实上，妻子行为的初衷不过是源于对男主的"爱"。因为女主认为"在婚姻中，比起喋喋不休，沉默不语难道不是更可怕吗？"丈夫这种冷暴力在情感世界里是不容小觑的，它会导致情感的分裂、疏离，受伤的一方在精神上会承受难以想象的痛苦。

妻子看到生活不合理的一面会毫不掩饰地指出来，说明她内在有强势的一面，同时具备惊人的洞察力。留心观察生活的人内心都有一个暖炉，这些特点也并不是所有人都可以拥有的，冷漠的废柴丈夫看不到妻子的优点，也自然不会了解。人就是因为这一点点的真实才变得可爱起来的，不能发现妻子人性闪光点的丈夫自然无法见证到妻子美好的存在。

这一点正好被隔壁的情圣大叔发现了，他和男主的计划也瞬间抛之脑后，并展开了对这位人妻的追求。为了登上这艘爱情的小船，情圣大叔使出了毕生的恋爱技能。电影并没有以刻板、枯燥的方式讲述这样的婚姻故事，而是用一种轻松搞笑的方式去讲述，这一点有别于其他讲婚姻的电影。

相较于电影中愚蠢至极的丈夫，有那么一瞬间，我更倾向于女主和大叔走到一起，两人自然、生动的互动，更像是一对真实的恋人，尤其是大叔送女主回家的那一幕，两人临别时大叔动情地唱起歌，背景音乐声渐渐响起，这种浪漫的氛围，唤起了女主心底深处的共鸣，一直以来被压抑的情感在此刻泛起涟漪。没有人不渴望被爱、被理解，女主也一样。

这世间，最可贵的是能遇到理解你的人。

记得多年前的访谈节目里主持人采访王志文，问他想找个什么样的女孩时，王志文想了一会儿，很认真地说："就想找个能随时随地聊天的，有些话，有些时候，对有些人，你想一想，就不想说了,找到一个你想跟她说,能跟她说的人,不容易。"

能找到一个随时随地聊天的人——其实电影中的女主大致就是此意,面对丈夫的终日沉闷、冷漠,失去了正面的沟通,也代表着失去了一切情感的基础。这位丈夫从来没想过,妻子的唠叨是因为孤独。

影片中,自从妻子有了电台主播这个工作后,她又重新恢复了以前的活力,将毒舌的本领发挥到了极致,吐槽可以吐槽的一切事物,百无禁忌,一时间成了知名的女主播,在所有人面前展现了真实的自己,女主的自信和神气回来了。这次没有人嫌弃,大家喜欢看到和听到真实的话语,有越来越多的人喜欢上了女主。

与其扯住摇摇欲坠的婚姻,不如去拥抱崭新的生活。丈夫的计划败露,知道真相的女主主动提出了分手,丈夫最初的愿望也达到了,婚姻关系本该就此结束,但看到改变后越来越好的妻子,心有不甘的丈夫又想把对方再争取回来。

电影的最后,女主究竟有没有回到婚姻中其实已经不重要了,重要的是,女主找到了自己的价值,拥有了属于自己的人生。在这场婚姻风波中,女主重新审视了这一切,她直面婚姻的假象,看透了丈夫的自私、懦弱和虚伪,把生命的重点放到自身,用更多的时间去提升自己,真实感受除了丈夫以外还有很多美好的事物。每个人的时间都是有限的,女主最终决定要把最好的自己留给珍惜她的人。在感情的世界里,选择离开与留下都同样需要勇气,不怕失去的人,无所畏惧,女性主宰自己命运的道路又何尝不宽广与辽阔呢?

# 她们的爱恋

## 恋爱的套路千万种

不婚族和低生育率一直是日本的一大心病,之前还有电视节目专门讨论过这一话题,除了日趋老龄化的社会现象,不婚族也渐渐成了不可忽视的问题。日本编剧也为日本社会操碎了心,近年的一些热播日剧看名字就能感受到编剧对大龄剩男、剩女们满满的关怀,比如《世界上最难的恋爱》《家族的形式》《请和这个没用的我谈恋爱》,然后就是我现在要说的这部《我选择了不结婚》。

这些大都是在讲述独身主义者的故事，其中《我选择了不结婚》更为直接，把社会的问题放在了明面上来说，分析女主人公为什么不能恋爱、结婚到高手教其如何谈恋爱的过程。这部日剧简直是一部最新版的跨时代的恋爱教程。三十六计，每一计都是必杀技。剧中的不婚女性橘宫美是一名39岁的事业型女性，自己在东京经营着一家美容诊所，自小的人设就是学霸加女神，有颜值、有头脑，事业更是锦上添花，每月拿着高薪，住在高档公寓里，生活水平应该是很多人难以企及的高度了，于是有的人感到奇怪,为什么条件这么好的女人就成了剩女呢?连男朋友都没有,在剧中她说出了实情,"她不是不能结婚,其实是不想结婚。"自身的"优秀"对于女性来说反而成了婚恋的绊脚石。

女主在一家餐厅里吃饭认识了餐厅老板十仓诚司。在一次女主和朋友聚会的谈话中,十仓诚司了解到了女主的不婚主张。她吐槽了身边的一众男人,没有一个想让她有恋爱念头的男人,更别说结婚了,遇到糟糕的男性还不如单身好。老板十仓诚司听后大感震惊,于是反驳了女主的观点,并不是所有男人不好,而是她没有遇到好男人,并指出她是当代女性里的代表之一：恋爱弱者，无法或者说不敢投入恋爱的女人。

一向干练强势的女主听后，立刻愤怒地回击对方，但是男主并没有生气，而是告诉她自己正打算写一本恋爱教程的书，教那些无法恋爱的女人如何拿下好男人，老板十仓诚司决定要用自己毕生的恋爱理论将女主嫁出去。电视剧每一集都是一个恋爱妙招，并让女主不要用固定的视角去看待对方，换一个角度总会发现不同的地方，说不定就可以找到两个人可以进行下去的可能。男主循循善诱的教导，几乎是恋爱教父级别的爱情指南，让从来没有接触过这些的女主倍感惊讶。

虽然女主嘴上说着不结婚,但她私下并没有放弃认识新男人的机会,甚至看上去就像一个悭嫁女一样。剧中的她不停地去参加相亲联谊会,也敢挑战世俗,去认识比自己年龄小的弟弟,最后又遇到回忆初恋杀。从相亲男、年下小鲜肉到回忆组,女主在通过自己的努力试图找到幸福。人类对美好的追逐是本能,这也无可厚非,可是这些都不是合适女主的人,女主每次都以失败告终,用男主的话说,她太不会隐藏自己身上的锋芒,她的优秀让对方感到自卑,对她望而却步。女神是用来拜祭,而不是娶回家的。男主发现了这些问题后,又教了女主很多恋爱套路,可是女主大都没有用对地方,女主的不婚主义更多是没有遇到合意的男人。

比如攀岩俱乐部的铃木浩介,他是一个没有个性没有特点的人,放在人群中都找不到的那种普通男人,也可以说是女主第一次有了想以对方为结婚对象的男人。在十仓诚司那里学了第一节恋爱课程的橘宫美,发挥了好学生的基因,在铃木浩介面前表现得中规中矩,一路走到了谈婚论嫁的程度。

一切正往理想的状态发展,可女主的内心却一直挂念着高中的初恋:樱井洋介。在一次同学聚会上两人再次相遇,女主的内心泛起了涟漪,回忆杀就此开始。电视剧每集都有自带背景音乐的高中桥段，暖心又虐心，橘宫美开始纠结是选择理想的男人结婚，还是选择与可以结婚的男人结婚。

女性应该与什么样的男人结婚，又应该用什么样的方式与对方相处，这并不是一件太容易的事情。剧中恋爱教父的恋爱套路有千万种，但最爱的人却只有那一个，这恐怕就是我们所说的弱水三千，只取一瓢饮。结婚也好，不结婚也罢，这个人能够和你在一起有话聊，互相关怀，在一起感到幸福才是最重要的。即便有时候吵吵闹闹也是生活的插曲，并不能让两个人分开。试想一下，如果两个人只是因为结婚而结婚，婚后住在同一屋檐下连话都很少说一句，那岂不是一种互相折磨吗？有情感基础的婚姻应是总有说不完的话，走到哪里都会想着对方，一刻也不想分开，女主是精神上有所要求的现代女性，并不仅仅靠物质就可以满足，与条件适中但性格闷闷的铃木浩介不欢而散也是可想而知。

回忆自然是美好的，面对初恋这座珠穆朗玛峰，女主在恋爱导师十仓诚司的教导下一次又一次发力，攀登的道路上充满了艰辛，爱情有时候和投资差不多，要讲时机，错过了那个时间点再去找可能就晚了。两人曾经对彼此有感觉，美好的校园飘来阵阵粉色的樱花花瓣，妙龄的少男少女在此经过，青涩的情窦初开,画卷曼妙又唯美,初恋是人生中最美好的体验之一,不一定都善始善终,但至少曾经拥有。青春的爱是那么深沉,那么纯粹,像是一首永远不会结束的钢琴曲。

时过境迁,多年后再相见,大家都在社会上经历了一些事情,心态也和以前上学时候的不一样了,彼此都成熟了许多,再看到曾经心动过的人,也很难再续前缘,这份初恋只好存在回忆里,默默地徒留一句"残念"(遗憾)。

再看看年下组,也是剧中给人最有好感的一对。送外卖的小哥桥本谅太郎成功搭讪女主,他不仅是一枚小鲜肉,还是一个磨人的小妖精,恋爱的花样一浪高过一浪。他在别的男人面前宣布女主是自己的女人,这个男友力爆棚,可是,鲜肉虽然可口,却不好消化,年龄差导致代沟的出现也是一个问题,两个人在眼界和经历上都不对等,时间越久问题越多,不如早早分开,长痛不如短痛。39岁的女主连连感慨"玩不起了",最后和年下组不过沦为一场空。

恋爱这件事,正如女主妈妈所言:爱要顺其自然,只有在生命中不期而遇的人才是你的真命天子,恋爱套路能解决一时,终抵不过一生相伴。

长久以来的世俗观念,把很多人都

误导了，觉得如今剩女们不结婚就是不对的，是没有人要才会剩下。然而，她们大多在社会上是有事业有颜值的女性，并不是嫁不出去，而是没有找到中意的人。还有的人说，不结婚就是不孝，听完这种道德绑架的话我很想说，父母真正期许的是孩子能够找到幸福，与相爱的人在一起，平安健康快乐地度过这一生，只有对自己不负责任的婚姻才是最大的不孝。毕竟结婚是你和你选的那个人过一生，并不是你父母和他过一生！

剧中的女主每一次恋爱都用尽了套路，使出了浑身解数，导致身心俱累，自己也始终无法在恋爱中得到快乐,渐渐丢失了自己。在经历了这场恋爱训练营之后,她最终悟到真理,爱需要用心,而不是用脑,享受恋爱是人生王道,在对方面前做真实的自己,对方接受这样真实的自己,彼此才算心心相印。恋爱中的我们多多倾听内心的声音,对迎面而来的爱敢于去追求、去表达、去珍惜,最终定能抵达属于自己的幸福彼岸。

## 张爱玲的人间烟火

晚上下班回家的路上，我会经过一个小型菜市场。褪去了白日的静谧，下班的人们从四面八方汇聚在此，人潮川流不息，夜晚的点点灯光多了几许繁华。这里像极了香港的美食夜市，街边各种美食摊飘来一阵阵香味，烤羊肉串的味道钻进了鼻子，炸鸡排的油火肆意飞扬着，这个被美食引诱的热闹江湖和人群涌动的都市夜晚，充满了生活的烟火气息。

我突然想到了张爱玲的那篇散文《中国的日夜》。她去市场买菜，亲自采购食物，俨然一副居家少妇的模样。初来乍到这片市井江湖，看哪里都觉得是新鲜的，看哪里又都是惊心动魄的，她自己身上倒是没有过多的油烟气，慢悠悠地走在这片中国的土地上。回到家来不及地将菜蔬往厨房一堆，就坐在书桌前，写下了这篇经典的散文，字里行间，都透露出张爱玲的精神世界，她的内心是安稳与窃喜的。

你还能感受到张爱玲文中的那股民国特有的文青腔调，买个菜也能写出精妙的诗句来，细腻的白描，文雅得紧，这文字功力和观察能力秒杀无数人。

这篇散文写于1945年前后，张爱玲和胡兰成的关系也是一天不如一天了。沉默不语已经预示两人走到了尽头。想当初，胡兰成在《天地》杂志里看到张爱玲的那篇小说《封锁》，看完后极为震惊，爱慕之心难以言表。他根本是坐立难安，放下小说，立刻给当时的杂志编辑苏青打电话。苏青是当时张爱玲的好闺蜜。苏青办报刊，找张爱玲要稿子，两个人你来我往，有了交情，一起喝咖啡，走走霞飞路，又一起做文化沙龙宣传书。总之，两个人的交集好不热闹。张爱玲生前明确认可的同辈女作家之一就有苏青，苏青对张爱玲的才华也是非常肯定。

胡兰成跟苏青表示要认识一下这位作者，问是男是女，苏青冷冷地回了一句，女子。胡兰成说了一句后来常被人说起的经典话语："我只觉世上但凡一句话，一件事，是关于张爱玲的，便皆成为好。"苏青听完此话后，便将张爱玲介绍给了胡兰成认识。

在写下《中国的日夜》这篇散文前，张爱玲有一次去温州找胡兰成，到了他的所在地，一开门，突然冷不防冒出一个叫范秀梅的女人，曾经恋爱脑上头的张爱玲此刻非常愤怒，赤裸裸的背叛和屈辱一刻也不能忍,两个人的世界多一个人都显得拥挤,张爱玲见此情景很生气。张爱玲彻底对这份感情心灰意冷,写了一封绝交信给胡兰成,信中写道:"我已经不喜欢你了,你是早已不喜欢我了的。"摆明了自己的态度,坚决要和胡兰成分手。

按情理来说,这段时间张爱玲的状态应该不太乐观,至少是不怎么开心的,但从散文《中国的日夜》里可以看出,她整个人是轻松的,那首小诗《落叶的爱》,更是尽显轻快愉悦的小调,菜市场买菜的那段描写就好比电影的镜头,节奏明快、真实生动,丝毫看不出她是有情伤的人。恐怕是张爱玲彻底对胡兰成死心了吧,这段感情的结束对张爱玲来说是一种解脱,她像自由的小鹿一样在街上闲庭信步,无所顾虑。

她在文中多次提到"尘埃",比如这句"好像这世界的尘埃真是越积越深了,非但灰了心,无论什么东西都是一捏就粉粉碎,成了灰。"这也像是在说她自己的感情,她曾经对胡兰成说:"喜欢一个人会卑微到尘埃里,然后开出一朵花。"当年这份真挚纯粹的爱到现在已经不在了,化成灰,灰飞烟灭,被风一吹,消散得干干净净。

在和胡兰成这段感情的处理上,张爱玲要彻底干脆得多。结束了一段红红火火、恍恍惚惚的恋情后,张爱玲渴望投入新生活的心情可见一斑,她不是那种不食人间烟火的女子,她是极其入世的人,字里行间透着生活的"俗气"。在张爱玲的文字里总能从中感受到一张张银票的温度,那种世间人情的练达,那是细腻至极背后的粗糙,是蟹青色二蓝灰色充锦缎,是爬满了一袭华美旗袍下的虱子。

生活里的人儿就该有饭的香,有情的浓,这才是人在人间该有的样子。哪有什么人间不值得的事儿呢,所谓高冷的仙子应当早日回到她的国度去,不适合留在凡尘,充满烟火气息的人间才值得留念。

我也不大相信别人口中所说的"他可是不食人间烟火的人"这种话，每次听到这类话，再留心观察这个人越发觉得可疑，真实的世界里哪有什么不食人间烟火的人呢，生活自始至终都是俗气的，常言道，人和谷子在一起就是俗啊。

可惜张爱玲那个时代没有大型超市，不然她也一定喜欢去里面逛一逛的，东挑一挑，西捡一捡，遇到生猛有趣的景儿，也要放停脚步仔仔细细看个清楚，不慌不忙，有自己逛街的节奏。当看到货架上琳琅满目的食材盛满整个购物车筐的时候，人也应该是开心的。

## 当女性不再爱情至上

傍晚时分我看了一本名叫《爱情没那么美好》的书，一本适合在雨天阅读的短篇小说集，法国作家布里吉特·吉罗在书中主要深讨了爱情里最真实的模样，包括爱情中诸多不确定的因素。她戳破了公主与王子的爱情童话，以女性写作者的身份去看待女性的爱恋，当我们在谈论爱情的时候究竟在说什么？面包和玫瑰比喻现实和浪漫的爱情，这些比喻的背后又是怎样的故事呢?

吉罗带我们走进了这座美丽的城堡,去追寻那掩藏在城堡下的暗影,小说中的男男女女,他们像是从另一个世界里跑出来的,或者是生活在平行宇宙里的我们,既熟悉又陌生,无法分辨清楚是真实还是幻影?我们曾经避开的爱情真相又是什么?我在这本小说集里看到了与以往不同的爱情样貌,它们像被切割了很多面的宝石,发着无限耀眼的光芒,同时也刺痛了我的双眼。

爱情的身份很多,有时候是棉花糖或者是冰激凌,有时候是苦咖啡或者是洗衣粉,棉花糖和冰激凌都会化掉,苦咖啡是可以接受的，至少还有回味，如果是洗衣粉呢，这听上去不免让人沮丧，吉罗在小说里就说道：洗衣粉是扼杀爱情的凶手。

习惯是中性词，可在爱情里头它是贬义词，也就是"当爱情变成婚姻"的时候。我印象深刻的是吉罗讲了一对夫妻的故事，男人是个热衷文学的作家，他的妻子是个平庸的社区工作者，并不是他一心希望的女演员、女记者、或是什么上流社会有身份的女人，她只是个完完全全爱这个男人并照时不误送孩子上柔道课、吉他课，应付小孩的家庭作业，哄小孩睡觉，偶尔带着孩子去参加庆生会的一个普通女人。

对于这样平凡普通的妻子,丈夫完全看不到妻子为这个家所作出的贡献,而是嫌弃妻子无法在事业上给予他更多帮助,也没有任何头衔可以让他对外游说,更加无法提升他的身份,他对这样的妻子产生了巨大的不满,并将这种不满带进了生活的方方面面,他的冷漠就像对她的惩罚。

面对这样的丈夫,妻子想不通自己究竟做错了什么,"难道作为一位职业作家的妻子,她现在所做的这一切还不够吗?"

这个丈夫眼中的"普通"女人开始有了思考,她自从有了这样的想法后,便有了对婚姻的质疑,她重新审视着彼此的生活,发现他们两个人之间是如此的失衡,丈夫做着自己喜欢的事情,而她是成全他这么做的背后的女人,但是丈夫全然看不到她的优点,反而对她冷漠之至。妻子对丈夫开始不满,对婚姻有了反叛的思想。

她开始不再熟悉作家丈夫喜欢的台湾电影,她不再请保姆带孩子去自己不喜欢的歌剧院,她每次都在那里打瞌睡,她不再早上遇到市文化局局长或者柏林影展的策展人与他们上赶着攀谈,希望自己留给对方一个好印象,能够多加关注丈夫的作品。回家后的话题被减少,她也变成了沉默寡言的人,她会听楼下的女邻居向她抱怨她家漏水的事,她接到婆婆的电话会聊很久,在向孩子道晚安后,一盏小灯在客厅亮起来,万籁俱寂的时候,她才能真实地感受到自己是活着的。

这个故事让我想起两个东西:面包和玫瑰,到底要选哪一个呢?面包代表现实生活?玫瑰代表美好的未来,浪漫的爱情,我想这不应该是一道单选题。

女主的生活遇到了这样的情况,是很多现实女性在走入婚姻以后会遇到的情景。爱情和婚姻始终是两回事儿,我们在爱情里找到自我,经历一段感情,让自己成长,而婚姻是两个人一起搭伙过日子，考虑的现实问题是方方面的，履行并实践彼此的责任，女性要面对生育的问题，孩子教育的问题，社会关系的问题，经济的问题等，当我们看到小说中的丈夫只为自己的事业考虑，而忽视妻子为家庭所作出的牺牲和贡献时，我们不得不说，这样的丈夫是自私的。

妻子最终有了反叛的精神，用实际行动对丈夫表达不满，学会对丈夫说"不"。她对自己的婚姻产生了疑惑，甚至是精神世界的游离。

我们在作者的笔下看这个小说，其实也是在看生活，小说是生活的一面镜子，我们在这面镜子里看到了现实中的芸芸众生，陷进爱情的男人和女人，该如何在这段关系里保留一份理性，去稀释那种浓烈的情感，最终，他们要找到属于两性之间平衡的相处之道。

整个社会的教育总是希望你是一个听话的乖小孩，对于女性的教育更是如此，是被约束的他者的角色，女性的柔顺和乖巧是后天教化而成的，是朝着适合成为"妻子"的形象而塑造的，但在完成这个社会角色定位之前，你首先是一个拥有独立思考的人。

十一个故事里，作者把全世界的寡妇都写在了一个小说中，用简短的动人的词句形容寡妇：

"寡妇不做爱,她们睡在双人床上,不过仅仅占据她们原来的位置,最初几周,她们把头埋在丈夫的枕头里睡着,没换掉枕头套,寡妇听丈夫听的唱片,听丈夫听的广播节目,看丈夫看的报纸,寡妇怕老,害怕到达丈夫的年纪,她们不想跟他们一样老,她们无法忍受比丈夫年长,有一天,她们会老到能当丈夫的母亲,她们不想多出一个死掉的孩子,寡妇对其他女人具有威胁性,因为她们变成单身女郎。"

作者写了一个并不主流的女性形象,让我们看到不一样的女性样本,这个女人也可以活得自得其乐,女性的生命之路是多样性的,每个女人都能找到属于自己的幸福。

我同时也被书里的一段话所打动："如果今晚我得再说一次是，我会说我愿意与你长相厮守，我不会说的太大声，以免让人见笑，嘲笑我们俩是发掘彼此柔情的五十岁老年人，孩子一飞离家才手牵手，人家会把我们当成跟不上时代的老家伙。"

一对相爱的老人的互诉衷肠，就像一份迟暮的情书，泛着旧黄的色泽，爱情和婚姻是如此美妙地结合在了一起，我为这样忠诚的爱而动容。作者让我们看到了爱情不一样的面貌，也见证了它的美好与现实。

吉罗笔下的女性是非常丰富立体的，并不是非黑即白，二元对立，女性的情感是微妙的，现代女性极少有以牺牲掉自己的生活质量成全对方事业，这种女性写法不符合现代女性的要求了，有觉醒意识的女性更注重自身的发展，很难陷入爱情中抛弃自我，成为对方的附庸品。反过来说，现实中的男性爱情至上的也几乎为零，事业很好的男性哪会爱情至上？所以单一化的女性付出者人设已经和现实社会背离了。

爱情固然是美好的，但也不要忘记爱情里赤裸裸的那一面，那些现实的问题。在时间不止不息的流动中，为爱情选择一个合适的位置，不是一件容易的事，让爱情回到爱情自己的状态里，需要的是时间和陪伴，以及当看清爱情的种种真相后的理智，到那时，女性也会理智面对爱情，拥有更加自信和美好的生活。

# 她们的觉醒

## 草坪上的思考

周末,我在一家咖啡店约了朋友,她还没有来。这家自带花园的咖啡店开在北京朝阳区寸土寸金的地方,这里有一片巨大的草坪,我一边等人一边在草坪上散步,风从远处吹来。在夏末的午后,我看到远处碧蓝的天空,以及鲜绿的草坪,它们几乎相连在一起,眼前的一切让我有置身梦境的错觉,是一幅不真实又真实的画卷。它可能出自凡·高或夏卡尔笔下，天上的几朵祥云仿佛是从希腊飘来的。

我站在草坪上，看着眼前的景色，想起了英国女作家弗吉尼亚·伍尔夫的意识流小说《达洛卫夫人》。小说的开头是这样写的：达洛卫夫人说要自己去买花——一个女人想买花，并且是自己一个人去，伍尔夫很满意这个开头，她为什么这样开场呢？小说中达洛卫夫人的原型就是伍尔夫本人，她在写这部小说的时候也在传达信息给我们：达洛卫夫人所面临的问题我们也在面对。

伍尔夫在小说里用一天的时间展现了达洛卫夫人这个人物，她的精神世界、她的苦乐哀愁、她经历的那些事情、她见过的那些人、她的牢骚、她的回忆，伍尔夫几乎毫无保留地全部写了出来，为我们展现了一位非常立体的生活在20世纪的中产阶层的女性形象。伍尔夫是以女性的视角在写另一个女性，一个我们既熟悉又陌生的女人，她应该就生活在你我中间，但她又总是隐没在角落里，鲜少被人发现。

这个女人，她或许不是人群中最耀眼的那个人，却一定是我们最熟悉、最容易忽略的那个人。她可能是出现在家庭场域里的母亲，也可能是一起长大的姐妹，还可能是我们工作时遇到的女同事，或者是在一个教室里读书的女同学。伍尔夫写了一个20世纪的女人，这个女人的灵魂从她的时代里穿越到我们的面前，在这些意识流的自由松散且无限延伸的文字里，我们得以相遇。小说展开的背景是以男性社会为主导的时代下女性所面临的世界，她让我们重新审视、思考，女性的表达与需求。

达洛卫夫人并不是一个完美的女人，她有时情绪化，甚至天真烂漫，对过去的恋情有回味、有留恋；她有很多不切实际的想法，也有虚荣的一面。她真实得让我们同情，让我们爱护，站在她的角度感同身受，苦恼着她的苦恼，发着和她一样的感慨和哀愁，去追问生命存在的意义，一个家庭主妇的日常，令人遐思。

如果一个女人离开了她的厨房,她还能干什么呢?那些多少世纪激荡出来的文学经典、天才的诗篇都是男人写的。莎士比亚如果是一个女人会写出怎样的戏剧?会不会在小说的开头也写一个女人自己去买花?伍尔夫在《一间自己的房间》里虚构了一个莎士比亚的妹妹,这个妹妹每年有500英镑的收入和一间上锁的房间,这样她就可以和莎士比亚一样有时间去写那部鸿篇巨制了。伍尔夫给出了我们答案,女性向上的路便是争取独立的经济和社会地位。

想到这里,我走进了一片茂密的小

小丛林,在不知名的绿树丛里被树叶环绕。再向前走一会儿,我就来到了新的天地,这里是草坪的另一个空间,我的眼前是一间白色的玻璃房子,旁边是一处长方形的绿色营地,我站在这里,继续想着那部小说和伍尔夫。

伍尔夫从没想过写一个完美的女人,她在一开始就已经决定,做好了充分的准备,让达洛卫夫人去做自己想做的事情,一个女人,她为自己而活,她是自由的。要知道,在伍尔夫之前还没有谁让女人如此自在地活过。在小说的世界里,我们看到过各式各样的女性形象,她们为了爱情死去活来,为了亲情痛苦挣扎,可没有哪个女人活得这么自我，把命运掌握在自己的手中，如此游刃有余，每一幅画面都是流动的，这些流动起来的意识是美的，像不断向前奔跑的马车，没有什么可以阻挡意识流在午夜里肆意飘零。

伍尔夫问16世纪的女人们去哪儿了，我们也很好奇，她们怎么没有写小说、写诗歌、研究学术？历史里的"她"消失了，她们更多地出现在男性的笔下，成为某某伯爵夫人，成为莎士比亚的女主人公，出现在诗人的诗句里。她本人没有在说话，而是别人在替她说话，就像坐在帘幕后面的人，我们永远不知道帘子后面的脸长什么样。在我们的概念里她依然是一个模糊不清的女人,直到我们看到了简·奥斯丁的《理智与情感》《傲慢与偏见》、乔治·艾略特的《弗洛斯河上的磨坊》《亚当·比德》、勃朗特姐妹的《简·爱》《呼啸山庄》、伍尔夫的《达洛卫夫人》的时候,我们才看清楚她的脸。

女性冲破了所有的枷锁,超越她们所处的时代,从小说里站出来,来到了未来,来到了我们的面前,这个被伍尔夫称为"莎士比亚的妹妹"的女性,引领我们记住了这个栩栩如生的达洛卫夫人。

文学作品里需要立体的女性人物,"一个女人去买花"这个行动足以让我们看到了一个女人正在行动起来的样子，会脑补那些关于达洛卫夫人的画面：她穿着什么样的服装出门、她的步伐是快是慢、她在去买花的路上遇到了什么人、她的手里有没有捧着满意的鲜花回家……这些情节，在读小说的时候，都会自行脑补上，这就是伍尔夫的高超技艺，意识流在时间的流域里生长，填补了16世纪女性文学形象的空白缝隙，不断发育，成为新的生命，一个结实的、不可以随意拆分的生命体。

她也让我想起英国女作家简·奥斯丁，也是如此。她从没有放弃过笔下的任何一名女性、她将她们的思想展现得淋漓尽致，没有扼杀在幻想的摇篮中，她吐槽起人来也毫不嘴软，她翻阅历史书，可以找到并列举出那些责难女性的"权威话语"，奥斯丁对此感到愤慨，为什么所有错都是女人在背？女性在她的笔下不再是一个客体的存在，"她"成为主导一切的角色，出现在了《诺桑觉寺》《曼斯菲尔德庄园》《理智与情感》《傲慢与偏见》《劝导》《爱玛》里。

小说里所展示的女性的内心世界不再苍白，哪怕是微小的事物、不满的情绪和心存的疑惑都应该说出口，就如伍尔夫写到的那个墙上的斑点。它不断引起我们的注意，是什么让我们失去了在厨房里劳作、在土地里施肥、在给孩子换尿布的注意力，可以放下手里的活儿、放下一切，可以抽出一点时间来好好观察一下那个墙上的斑点呢？那一定是这个主妇，她决定这一天要出门去买鲜花的契机。

她可以利用这个闲暇的时光去做一些自己想做的事情，说一些自己想说的话。是的，如果她连自己的喜好憎恶都羞于说出口，那么又有谁知道她在想什么？那么这个男性又怎么会理解她？她又怎么才能将不满告诉他？如果伍尔夫不把她的内心写出来，又有谁来替她说出来呢——长久的父权制所带来的压抑导致她不曾敢于表达内心真实的想法。

人们总是让女孩们去爱别人，却从

来不关心她们是否被人爱。

维多利亚时代对女性的规训繁多，在《妇女生活礼仪》一书中提到英国女人要学会顺从男人的意愿，最好像个没有思想、好控制的布娃娃；《比顿夫人的家庭手册》里教育女性如何勤俭持家，鼓励她们做安分守己的"贤妻"，读书是不被赞许的事情。

长久以来世界的规则由男性制定，他们是权力、机制的既得利益者，与被驯服、规劝的女性不一样，这种失衡导致他们不会与对方用平等的视角进行交流。在漫长的女性被抑制的时代里，想要得以掀开那层云雾、跨越那个藩篱，需要经过反思、整理和运动,才能找到通往自由解放的路。

所以,别让女人们活在陈词滥调里——一个无法发声的特里格斯小姐,要不断地输出观点,去感受真实的世界,包括愤怒、悲伤、快乐与痛苦,不用年龄和外貌定义女性的一切,去勇敢追求高贵与美的事物。

作为女性主义的先驱人物弗吉尼亚·伍尔夫意识到了这些问题,她用小说的形式,通过达洛卫夫人这个人物告诉我们,这就是她要说的真相,女性所面对的问题,达洛卫夫人也遇到了。伍尔夫在她所处的时代争取女性的独立,提倡男女平等，不仅让女性意识到自身刻不容缓的问题：女性的权益、教育、经济、卫生等，同时也在唤醒男性群体加入这支浩荡大军，一起和先知的女性，往时代的前沿迈一步。

我阅读女性文学，在这些故事里，看到了一个又一个鲜活的生命，在"她"的世界，找到了属于我们的声音，这是深深的、来自灵魂深处的共鸣。这是我在伍尔夫和简·奥斯丁的文学里感受到的力量，正如一缕阳光照在我的脸上、身上，此时此刻，有云、蓝天、玻璃房和草坪，从我脑袋里跑出来的女性，在不断回旋、上升，穿越多少世纪，带着那些熟悉的问题，摆在我的眼前。

现实中，女性依然面临着家庭与事业的两难选择，她们有的主动让出了追求提升自己的时间，投身到家庭中，她们的才华和能力更多施展在家庭内部，正如伍尔夫所预料的那样，"她们享受良好教育，然后又不断忙于生育"。

如果她们和莎士比亚的妹妹一样拥有闲暇的时光和经济，也不止于受到良好教育，她们眼界开阔，还要继续读更多的书，不断地完善自我，向上追求。到那个时候，当达洛卫夫人捧着那束满意的鲜花推开房门回家的时候，我们希望，迎接她的是知识、自由与爱。

## 谈18世纪女性的自由行

看过 18 世纪英国小说的读者，一定对马车的印象深刻。主人公总是千里迢迢从远方而来，不是已经来到旅行目的地，就是在去景点的路上。"壮游"这项活动兴起于 17 世纪 60 年代的英国上流社会，以游学为目的的旅行，史称"大旅行"（grand tour）。那我们也会好奇，18 世纪的女性自由行究竟是什么样的呢？在《壮游中的女性旅行者》这本书中我们看见了一群不一样的18世纪女性。

当社会对女性制定过多规范以及充斥过多批判的声音的时候,往往忽视了那些出身富裕、受过高等教育且眼界开阔的女性,她们很难被社会驯服而成为一只乖巧的小绵羊,她们总是充当社会里的"反叛者",与她所处的时代格格不入。《壮游中的女性旅行者》中的16位女性旅行者,她们是走在时代思想前列的女性觉醒者,超越了她们所处的时代。

她们渴望了解外部世界,更是和当时的男人一样去寻找更加广阔的天空,渴望过自由的生活,没有局限在方寸之地的家庭，而是付诸行动，将她们的巡游变成文字，写成回忆录。

关于18世纪、19世纪，那是简·奥斯丁生活的时代，女性没有很多选择，无外乎给别人当家庭教师或者找个有钱的男人嫁了。对于女性来说，婚姻是最好的归宿，所以简·奥斯丁写了很多关于婚姻的文章，试图找到女性更好的归宿。

我想起了伍尔夫和毛姆写简·奥斯丁的文章。毛姆站在男性的视角上看待她，认可小说的艺术性，同时冷嘲热讽她是个聪明的老姑娘，这就像盯着女名人私生活的狗仔一样，让人闻到了一股酸味儿。

伍尔夫则以女性视角来看待她，态度平和且客观。伍尔夫爱慕简·奥斯丁的才华，也以崇敬的心去看待她的作品，以至于想象简·奥斯丁如果活到42岁会写出什么样的文章。

在《壮游中的女性旅行者》这本书中，这些18世纪的女性，她们的阶层地位都很高，大多是贵族出身、名人后代、女作家或者是宫廷御用画家。她们富有且身体健壮，有一定的经济实力，能够让她们游历于世界的各个角落，去见识更加广阔的社会风貌，接触不同的人情世事。

在那时候,"壮游"就像是一种成人礼,一种身份的象征,她们带上侍从和行李箱,可以随时离开成长栖息的地方,坐上一辆黄金马车,前往一个未知的世界,像坚固的笼子中飞出的金丝雀,任谁也无法抓住。

巴斯的阔太太安娜、科幻小说之母玛丽·雪莱、女作家德·斯塔尔夫人、女性艺术家伊丽莎白·勒布伦等,她们在各自领域都有所建树,带领我们一一见证了18世纪这个旅行的黄金时代。

我们跟随在浩浩荡荡的"壮游"队伍的末尾,开阔眼界,鉴赏艺术,就像沃特利·蒙塔古夫人所说的那样:"文化对于妇女的幸福来说是必不可少的。"她们行驶在欧洲大陆，翻山越岭，行船渡河，留下了自己的脚印，看尽了欧洲的美丽景色。

意大利的自然风光、人文艺术让人流连忘返，深入人心，坐在威尼斯的小船上，谁会想起烦忧呢？每一个来到这里的异乡客，都想留下来，成为这里的一分子。碧波的湖水里折射出了古老的文明，在白天与黑夜里诉说着古人的衷肠。敏感、烂漫、求知欲强的贵族女性伊丽莎白·韦伯斯特曾在自己的"壮游"日记里这样记录着意大利："夜晚是如此晴朗和空气流畅，以至于刚刚绽放的橙花香气都四散开来，树叶间影影绰绰地映出被海湾的镜子反射的月光。"

　　这开阔又细腻的描写足以窥见女性对世界的感知多么强烈和渴望,她们在游历中增长见识,精神世界更加开明与包容,用女性独有的细腻观察到了所见所闻,并记录在日记当中,留下了这些珍贵的女性旅行者的声音。

　　18世纪的她们引领了当时的社会风尚,女性也可以走出家门,游历四方。女性不只是胜任家庭琐碎、独守炉灶旁边的厨娘,她们也可以这样生活,是不同以往的女性形象,一个对世界充满好奇心的女旅行家、女英雄、女冒险者,在追求智识的道路上如驯鹿一般勇往直前地奔驰。

和那时相比、如今女性的生活比先前更加丰富多彩，却依然有规训女性的不合理要求随之出现，从服装到言谈举止，仿佛厌女情节就像不死的幽灵席卷重来，过度的规训女性的社会俗约正是父权制带来的糟粕。如果18世纪的女性已经选择离开了她的卧室——就像鲁迅所说的"娜拉走后怎样"，我想，现在的娜拉们可以走得更远。

随着社会的发展，女性受教育的程度也越来越高，女性在不断进步，也成了社会的主要角色，在社会的各个行业里释放着自己的能量。职场女性也是近年来影视剧里的主要角色，书影里演绎讲述着她们的故事，从18世纪的女性到现在，她们留下了深深的脚印，让我们见证了历史上一个又一个女性的传奇。她们是社会群体里不容忽视的部分。无论过去还是现在，女性的力量推动了社会的前进，而这也正是我们坚定地选择走出房间的原因之一。

"对于当时的女性来说，壮游不只是文化养成的机会，更是代表自身存在的关键时刻，并常常象征着戏剧性的解放之举。女性的天地也从此日益广阔。" ❶

---

❶ 引文摘自《壮游中的女性旅行者》。

## 向上的花朵

　　韩国女作家赵南柱带着现象级的作品《82年生的金智英》来到了中国，受到了广大中国读者的关注。这本书在韩国本地引起了巨大的争议，销量突破了100万册。作者通过女主人公金智英讨论了韩国女性所面临的性别歧视问题，金智英代表了大多数的韩国女性，这部作品也是韩国有史以来第一次对"韩国女性地位"引发高度关注和讨论的话题性作品,甚至超过了文学性的探讨。

回到这部小说,《82年生的金智英》讲述了女主人公金智英从女孩到女人的成长过程,记录了一个女孩是如何跌跌撞撞长大成人的。在进入一桩传统的婚姻后,她所经历的一切,更是无处言说的痛苦,她面临全职在家育儿的苦恼、家庭中常见的父亲角色的消失,以及公婆对儿媳的漠视、外界对主妇的歧视等问题。在金智英的人生里我们可以窥见整个韩国女性的生命状态,甚至看到了一些东亚女性的前半生。那些似曾相识的经历,不得不引起我们的共鸣,这种东亚女性命运共同体,是我们熟悉,也是我们想要诉说的部分。

小说中开篇写道，金智英是一个全职太太，没有工作，整日忙于在家照顾孩子和老公。突然有一天她用自己母亲的口吻和丈夫说话，起初丈夫以为是妻子在跟自己开玩笑，并没有太在意。有次去婆家过节的时候，金智英又用自己母亲的口吻和婆家人说话，这让当时在场的婆婆、公公等人倍感不满。殊不知，其实这是金智英的精神出现了问题，她分裂出的人格主导了她的言行，连她自己都没有意识到。

丈夫发现了这个问题之后，才意识到事情的严重性，带她去医院看病。但丈夫从内心深处并不是理解呵护妻子，而是露出嫌弃的神色，觉得妻子给他丢脸了。丈夫的自私令人脊背发凉，和他的家人一样，他把妻子看作生育的工具，并没有把她当作人来看待。当女性在家庭内部牺牲了自己的时间和精力成全丈夫的时候，往往没有得到同等价值的回报，这在韩国女性的婚姻里是常见的现象。在作者的笔下这仿佛是一种常态，而这种常态需要我们警惕和思考，它的存在是不是有问题，作者对这种现象诉诸不满，并清晰地表达了出来。

金智英的问题，或者说"病症"，从得病到发病是一个漫长的过程，造成这一问题的恐怕还有社会的原因。韩国女性的地位在逐年下降，背负着家庭责任和社会角色的韩国女性，并没有得到更多的社会关怀，反而受到了很多来自男性社会的非议。小说中写到职场骚扰在韩国是一个严重的问题，女性在上厕所时被偷窥的事屡屡发生，她们生活在一个极度不安全的环境中。这让我们发现，金智英并不是个体，而是千千万万个韩国女性的代表。

2015年前后被韩国称为"妈虫"的女性，正是主角金智英的同时代人。所谓"妈虫"是指像寄生虫一样靠丈夫养活的女人，用于辱骂全职太太。在韩国，一些男性会在洗手间和换衣间安装监控偷拍女性，这引起很多女性的不满，使得更多的韩国女性加入平权运动中。

如果把性别这件事放大一点说，这也属于人类共有的问题，金智英是如此，其实每个人也都是如此。人出生的那一刻就不是带着微笑来的，那婴孩的啼哭声里早就预示着生而为人并不容易的现实，成长的代价就是用美好的东西做交换。虽然这么说有点残酷，但这是不可否认的事实。

上学、工作、恋爱、结婚、育子没有一件是简单易操作的事，都要经历一番磨炼才能完成。人就是这么跌跌撞撞走完了一生的，烦恼、伤心、痛苦、喜悦、开心、快乐，这些感受会交替出现在人的一生当中，这才是生活的常态，一直美好、幸福的生活只存在于童话世界。

日本有部电影叫《被嫌弃的松子的一生》，讲述了一名叫松子的女人的故事。一个悲凉又痛苦的女性的人生，有着不可言说的宿命感，生活的背叛让她一次次地跌倒，又一次次地重新站起来。她的人生也代表着众多当时日本女性所面临的现实，日本女性的地位低于男性，在男权社会的背景下，女性走出自己的一条路是极为艰难的，松子在这个时代以自己的方式完成了悲剧的书写，这种男女两性地位的失衡也造成了许多时代的悲剧，女性更多是以牺牲者的姿态出现。

电影中的松子不顾一切地去爱一个人，又被无情所伤害，她是太想得到爱的人，也一直渴望得到别人的认可，在寻求自我认同的路上，并不顺利，她遇到了背叛、欺凌和歧视，她的女性命运与社会的现实相互交织在了一起，她试图改变这一切，也曾经试图反抗过，却都以悲剧告终。

我们从侧面看出松子是男权社会下的牺牲品，她对爱的追逐更像是虚幻和缥缈的梦，为一个背叛自己的男人容忍、退让，让自己的精神深陷囹圄。松子追求爱，但是在追求的过程中迷失了自我，从而一步步地走向深渊，最后导致没有路可以走。

村上春树曾说过一句话：女性如果精神贫瘠，执着于被爱，过于渴望被认可，那无论她享有何种能力和资源，都很难救她于困境。松子的一生就如其所言。

松子也有值得被肯定的地方，她敢于追逐梦想的精神和这种坚韧与力量，以及她直面生命中的苦难，又想通过自己的力量去突破、去改变，即便受制于条件的有限和时代背景，她没有成功，至少她曾经付诸行动努力过，并没有完全承接一切生命中对她的不公，这一点足以让我们深感钦佩，松子无疑是让人感到悲悯的人物。在寻求爱的道路上，女性唯有懂得先爱自己、尊重自己、不断地争取自由与独立,才可以向上生长,繁花盛开。

无论是"82年"生的金智英还是被人嫌弃的松子,这是很多东亚女性的现实和宿命,我们看到了许多无奈,也看到了那些存在的问题。女性需要找到属于自己的价值,不断修炼自己,才能绽放光彩。人生是挣扎与奋斗的过程,人的一生到最后都会归于平静,不过在这个"平静"的时刻到来之前,女性不应该甘心寂寞而停留在原地,而应该是奋力地向前奔跑。

## 黑人女性的生命重建,她们就在这里

《紫颜色》是获得普利策小说奖的非裔女作家艾丽斯·沃克的作品,也是西方女性主义的代表作。黑人底层女性的觉醒之路,是女性群像的至深书写——我们是万物之一,我们就在这里。

小说用日记书信的方式叙述黑人

女性的生命史诗。女主人公西丽经历了人间世事,在父权社会里面临了诸多困境,同样应对着种种不公,一切都是那样无力,像奴隶一样生活,又一次次反抗,仿佛生命涂上了一层"紫颜色"。

小说中,14岁少女西丽被继父侵犯生下了两个孩子。黑人女性深受摧残的生命,正如染血的河流。这个禽兽一样的父亲又将她指给了大她很多岁的男人,她不停地劳作,不得休息的日夜,还有来自男人的拳头,无情地挥向她。面对这种不幸的遭遇,不断挣扎的西丽决定不再忍辱负重和承受这一切,来自内心的声音呼唤她觉醒:"你得斗争。"

她的妹妹去了远方,她用信件的方式与她保持联络。每一封信件,都是来自西丽灵魂深处的发问,对自身女性命运遭遇的发问,以及对这个世界如此不公的发问。她的呼唤与祈祷,不停地传递出去,不仅是说给妹妹听的话语,也是振奋人心的女性宣言。

小说以强大的感染力,向世人告知了黑人女性所遭遇的一切。小说的主人公看似对上帝祷告,更多是来自心灵深处的质问。女性反抗不公的命运,这段历史被作者用小说的方式记录下来,再次翻开这一页的历史,全篇血迹斑斑,显得无比沉重。小说中的西丽和众多的黑人女性,不再默默顺从这种非人的待遇，而是起身反抗，那一刻，让我们对她们肃然起敬。只有当女性彻底觉醒之时，才能看清世间的真相，冲破一切枷锁，走上救赎自己和更多女性的生命之路。

美国女作家艾丽斯·沃克对黑人女性的书写，从未停止。在《紫颜色》之前，她也写了一部短篇小说集《爱与烦恼：艾丽斯·沃克短篇小说集》。她关注黑人女性的命运，也讲述她们身上发生的故事。在这部短篇小说集里，我们看到了碎片化的女性故事，同时也可以理解为是《紫颜色》的前身。

小说以一种短而精的方式，更具

象也更加艺术地展现各种不同的女性她们的真实生活，展示了各个阶层里女性所遇到的生存困境，黑人女性在追求女性运动的路上经历的磨难。她的《紫颜色》和这部短篇小说集写了黑人女性的各种遭遇，就像是一首不朽的长诗，不断传递出一种伟大的力量，那种壮阔、生猛有别于以往我们看到的女性文本。她们的精神和灵魂是自由的，且神圣不可侵犯。

当歌颂母职的伟大时，我们往往会忽略她们背后付出的那些艰辛。小说中，她们所处时代下父权制不可一世的傲慢，对她们的压迫，仿佛是一个古老的诅咒，镶嵌在女性的额头上，若想摘除需要经过一番舟车劳顿和斗争,这种苦难的经历被沃克记载着。我们看到了黑人女性生命与身份的重建,也让黑人女性的历史留下永远不可磨灭的烙印,激励着更多女性走上追求解放与独立的道路。

## 国际劳动妇女节的女性话题与伍尔夫

国际劳动妇女节有很多探讨女性的文章，我也看了很多近年出版的女性文学作品，无论是从五四运动时期开始的女学生运动，还是从上野千鹤子的女性研究著作《厌女》到女性学者们之间的对话，不置可否，女性话题是近年的热门话题，同时也在一次次推进女性社会化进程的脚步，其背后所要表达的内容，是现实不可避免的问题，还有很多疑惑摆在我们的眼前。

《秋园》这部文学作品书写与记录了女性的命运，让我看到一个20世纪的母亲的一生。作者记录了自己母亲经历的那个动荡岁月，一个平凡又伟大的女性的一生，代表着中国的千千万万的女性，在那个艰难的时代里顽强地生存，经过无数的险滩，斩断过无数的荆棘，才生存下来的故事，仿佛雄伟壮丽的诗篇，令人难以忘怀，它就像女版的余华的小说《活着》。

虽然《秋园》的时代离我们有些遥远，但是依然能看到大时代里女性的无奈与悲痛，如漂浮在水上的荷叶，在人生和社会的洪流里随波荡漾，会被这名叫秋园的女性所打动。她是隐忍、善良和真诚的。她的人生没有被时间抹去，是那个时代的女性的缩影，也是我们所有人都不应忘却的女性历史。女性的故事需要女性去叙述，这也能更为贴切地表达，站在女性的视角看待这段历史，我们既客观又感性。

如此想来，生活在受教育程度低且环境偏僻的地方，被当地习俗禁锢的女人们大有人在。她们出生在落后的地区，由于环境和资源有限，她们大多无力改变命运。《秋园》里的那一代女性没有太多选择，无法靠自己去寻求一条出路，离开生长的地方，或找到一个渠道为自己说话，她们更多是隐藏在一角的女性群体，面对不好的待遇和困难时，她们大都是需要自己去默默消化的。

关于女性现象的讨论，如果没有设身处地地接触和经历，那么尽是空谈。提起伍尔夫，她总是站在女性的角度并生活在其中，从而得出自己的结论。她自己的处境和当时大多数女性的处境是一样的，她们共同经历着发生的一切。还有女性主义学者波伏娃，她的《第二性》影响了很多人，让女性觉醒，认识到自己的价值、争取自己的权益，看到女性主义的短暂光辉，但由于她的作品过于理论性,以及时代的局限性,时间久远,很多观点也被后来的女性主义学者批判,和我们当下时代的发展产生了一些隔阂。

我们回过头看伍尔夫的著作,她不仅提出了种种疑问,还提供了很多解决女性问题的方法。即便如今再看也是行之有效的。伍尔夫鼓励女性先解决经济问题,在《一间自己的房间》里阐述的大量观点,见证了伍尔夫的睿智光芒。另外我在思考当女性拥有这间房间和伍尔夫所说的每年500英镑的收入之后呢?女性主义的路会更加旷阔深远,那时我们会做什么?当然,也不是每个人都拥有一个可以继承遗产的姑姑(伍尔夫的姑姑死后将部分遗产留给了伍尔夫,当时的伍尔夫每年会收到500英镑的遗产)。

说回伍尔夫,她在经历了情感和人世的一切之后,不断地去变换两性的角度看待问题,她从不煽动两性的仇恨,而是一次次理性地思考,从中得出结论,以引起更多人的思考,连写作者们的组织——红花会也是由她最早提出来的。

在我翻阅她的著作时,发现她也写了很多文学理论的文章。在写到简·奥斯丁的时候,就像一个老友,审视自己的天才女友。她感慨,如果简·奥斯丁能活得更久一些，我们就能够看到更多优秀的小说。看这篇《论简·奥斯丁》的文章，就像在看她和简·奥斯丁的对话，知识女性那种流畅爽快的思维很让人振奋，不一定要给出具体的解决方案，她们对事物提供的思考路径就值得借鉴。这就回到了伍尔夫所说的"智识的自由"的问题上了，拥有这种能力令人愉悦，是女性进入社会化所需要的那份自信——即便进程有崎岖，却依然可以保持轻松面对事物的能力。

在国际劳动妇女节之际呼吁女性值得更好的生活的时候，去看一看伍尔夫，找回理性层面的思考，女性的节日不应该是肾上腺素的一阵狂欢，也不是坐上消费主义快车的流量入场门票,而是切实发现那些隐藏在水面之下的问题,"她"值得我们时时刻刻去关注、去改变、去书写。

## 小青：那个古老爱情传说的功臣

想来白娘子是中国传统社会里完美的女性形象，贤惠、温柔、善良，为了爱可以失去自我。许仙好命遇到了她。而小青呢，完全是从古至今对中国传统女性形象的颠覆。她敢爱敢恨，用法海的话说就是妖气太重。小青不管那些束缚女性的社会规约，照样游人间、爱人类，同时又爱惜自己修来的几百年道行，不会因爱而失去自我，她和白素贞秉持的是完全不同的爱情观。

当时我在电影院里看《白蛇传说》这部电影，坐在我身边的一个女生，看到白娘子和许仙被法海分开时，哭得稀里哗啦的，谁曾经没有被这样的传说感动过呢？千年的爱情传说一再被翻拍，唤起了人们心底的柔情似水，人到底还是逃不过一个"情"字。张爱玲早早地看透了这一点，所以才写了民国乱世里的经典爱情《倾城之恋》，即便被人说是庸俗的爱，也染着一种中国式的爱恨离愁。民国的鸳鸯蝴蝶派作家写了非常多这样的爱情故事，张恨水的《啼笑因缘》《金粉世家》《纸醉金迷》，哪一个不是民国都市里红男绿女的爱情神话？

为什么相对于白素贞,我更爱小青?因为她更真实。白素贞太完美了,完美到不真实。她是生活在云端的仙子,遥远且不可触及。而小青不像妖,更像一个活生生的人。她仿佛就生活在我们的身边,你看她游乐人间,看她大胆地去爱别人,看她得意地狂笑,这一切都能让人真切地感受得到。她能情深似海,也能疾恶如仇;她能仗义执言,也会明哲保身,她应该活在现代而不是古代。她像极了现代大都市里的时髦的职场女性,会穿上高跟鞋去酒吧喝一杯红酒,或者等黑夜降临,在夜店里好好地放松一下。小青的可爱之处就是真实,是白素贞们做不到的真实与可爱。

李碧华曾写过一部小说《青蛇》，想必也是挚爱小青的人才能写出这样的作品。从古至今，在这个经典的爱情传说里，第一次有人将小青作为主角去讲述，小青的妖气和灵气并重，在这部小说里李碧华写出了陷入爱情中不同的女性形象。

故事里，小青的女性角色更加鲜明，面对背信弃义的许仙，她感到愤怒。在她眼中，许仙是背叛白素贞的懦弱书生。他对爱情对妻子的摇摆、不忠，让小青鄙视。面对姐姐白素贞的一再退缩、原谅，小青表现得更加果敢坚决，感情的世界在她的眼里容不下一粒沙子，她不断地测试探索，也终于应验了自己的猜忌，男人果然是靠不住的。她挑战的不仅是许仙，而是千百年来对女性的束缚。男人可以三妻四妾，甚至在背叛妻子的时候可以得到原谅，然而女性在过去却无法主动选择结束婚姻，这种古代的清规戒律，无疑是对女性的压迫。

小说对法海和许仙这样的男性角色重新审视，进行了批判与揭露。传统的男性凝视是对女性的一种不平等和性别歧视，他们无法认同女性是独立的个体、有自己的表达和思想，他们忽视女性的自我价值、尊严在社会中的体现。小说颠覆了人们以前对《白蛇传》中小青的认知，她有自己的爱情观，同时敢于挑战传统，对法海提出质问。小青认为，法海是自视甚高且观点偏狭的人，无法一视同仁，即便是人妖两界，也并不代表所有事物都是一样的。白素贞的爱情纯洁高尚，并不比人类低一级，不敢于承认这一点的法海，他的思想才是狭隘的，小青的思想境界在此处比法海更高出一筹。作者李碧华对小青这种坚守自我、敢于表达的女性给予了肯定与歌颂。

我喜欢这个古典的爱情传说，而且一不小心喜欢了快20年。白素贞对爱情的勇敢追求是很多陷入爱情中的女性的代表。她对许仙的爱唯有一句话方可概括"弱水三千，只取一瓢"，人生海海,芸芸众生,在断桥相遇,什么都不说,那个对的人就站在彼此的眼前,唯有轻轻地问一句"原来你也在这里?"

就像张爱玲写的那篇散文《爱》里所言:于千万人之中遇见你所遇见的人,于千万年之中,时间的无涯的荒野里,没有早一步,也没有晚一步,刚巧赶上了,那也没有别的话可说,惟有轻轻地问一声:"哦,你也在这里吗?"

我曾经去杭州看西湖,偌大的西湖,没有我的泪,唯有一只小船漂在水面上。我站在船上看断桥,又站在断桥上看西湖,夜色微暗,良辰美景,看桥下人走过,远处的星星点点,宛若繁星,时空流转,我好似回到了几千年前的杭州。许仙在桥上走过,被桥下的白娘子看到,她驻足留目,此时,小青看出了端倪,她施了法术,调皮得让老天爷开始下雨,不一会儿,大雨倾盆,方才有了两个人"百年修得同船渡,千年修得共枕眠"的世代佳话。

原来如此!这个古老的爱情传说的功臣是那个叫小青的蛇妖!

若不是小青这位红娘帮忙,怎能有后来的"雄黄酒现原形""水漫金山寺""白娘子压在雷峰塔下"这些让中国人津津乐道的经典桥段呢?所以,我们要谢谢小青姑娘。这个叫小青的红颜是一瓢弱水，修炼百年的她是真正看透人间之"爱"的敢于做自己的妖精，没有白白来人间一趟，比人类要聪明多了。愿有一天，我们都是爱情里修炼成仙的"清醒妖精"。

## 当女性主义者谈恋爱

《她厌男,她是我女友》是韩国女作家闵智炯以男性视角看待女性主义的小说。讲了男主人公的女朋友是一个激进的女性主义者,甚至会走上街头支持女性运动。受 Me Too 思潮的影响,更多女性意识到自己的权益问题,韩国的社会将这种问题暴露出来,用一部小说去阐述、探讨了女性运动的意义所在。

小说中女友在职场上遇到的问题颇具有代表性，韩国女性对她们所生活的环境尤其关切，近年也出现了大量探讨此类问题的作品，比如《82年生的金智英》《素食者》《关于女儿》《你的夏天还好吗？》《N号房追踪记》。不同的韩国女性角色面临着同样的问题，她们关注女性的生存状态，也把这些显露在外的事书写成了文学作品。

《她厌男，她是我女友》里的女主人公在一家出版社工作，面对男同事的职场骚扰，她只能每天穿裤装上班，她并非韩国传统意义上的女性，不是在家庭中相夫教子的妻子。身为社会化更强的职场女性，她有很强的自我意识，对事物的看法总有自己的观点。当男友明示暗示她，想要结婚的想法时，女友认为结婚生子并不是女性唯一的归途，选择家庭、生育是主动做出的选择，而不是别人或社会强加给她的。

小说中的这些情节似曾相识，大都会发生在东亚地区，乃至更多亚洲女性的身上。她们到了一定的年龄，会面临家里人的催婚，也有"女大不中留"等言论。社会上批判大龄未婚女性的声音极不友好。小说不仅在写女性所面临的困境，还在讲女性遇到的方方面面现实问题。作者试图寻求一个更好的解决办法，甚至是一种实验性的写作，以男性的视角温和平静地看待女性主义者。作者也在小说里运用了心理层面的分析。当整个社会环境更良性、更健全的时候，才有利于女性更好地发展。女性运动需要一步步地推动，并非一日之功。

当下，这个推动的力量相对来说依然是薄弱与渺小的。

小说用30岁女性主义的"丧尸之路"（The Walking Dead）来形容，是一种清醒的自嘲，进入恋爱、婚姻相对来说更符合人们的社会化语言，但是面对觉醒的女性主义者，对待婚姻的态度有了更深的思考，如果觉醒了比不觉醒的时候面临的问题依然很糟糕怎么办？这才是女性主义者最担心的问题，那是不是要倒退回去呢？不觉醒的时候不是更好吗？答案一定是否定的。女性主义是否应该更符合社会化语言的生活方式？

相对于面临女性主义声音的激烈的反扑、恶言相向的"直男癌"言论，小说中的男友是一个对女友包容度很高的人，无论做什么，他都理解她。即便没有走入婚姻，他也明白女友不再是一个客体，从关注女友的穿着、身材和颜值，转向对她精神深处的探索与理解。这个转变，也足以说明男主人公是一个女性主义者。

因为女性主义追求的是两性的平等，而不是二元对立、非黑即白。二元论会把非常复杂的问题简单化,这并不是一个简单的问题。女性主义也不是不谈恋爱、不结婚,不生孩子,而是女性可以自由地选择自己想过的生活,有选择结婚与不结婚、生育与不生育的自由。

小说里的女主人公通过自己的行为表达了对社会赋予女性过多规约以及不公待遇的不满和抗议,勇敢地在男权社会下争取身为女性的权益,也让男友看到了女友勇敢正直的一面,从当初只听女友抱怨男性社会对女性的糟糕事件,到后来渐渐理解女友的痛苦,坚定地站在女友身边,他对结婚这件事的执念也慢慢放缓了下来,这一点的转变在小说里作者写出了非常动人的一面。

这本小说《她厌男，她是我女友》是我近年看过的韩国女性文学中很接地气地探讨女性面临现实问题的作品。通过家庭、友人等身边人的日常对话，让每个社会中的角色去客观或非客观地看待女性主义者。当上野千鹤子的《厌女》让我们明白了一些理论性的观念后，这本《她厌男，她是我女友》则为我们一起梳理了女性找到自我路径的过程。

有人说，现在的社会，30岁的女性过了最佳的相亲年龄，35岁的女性面临着被裁员的风险，40岁的女性逐渐退出了职场的舞台，家庭才是女性的主场，35岁的女性失业带娃回归家庭成为全职主妇，最后职场属于男性的天下。小说对此现象表达了不同的想法，并做出了有力的回击，女性也可以继续读书学习，也可以通过旅行开阔眼界，也可以通过自己的努力打拼出一片小天地。女性的生命之路并非只有一条路可以选择。这是作者在小说中所传达出来的希望和勇气。

我喜欢的女演员杨紫琼61岁拿下了奥斯卡最佳女主角的奖杯，这令所有人都感到不可思议。一位亚裔的61岁女性拿了这个全世界最重要的奖项之一，在很多人眼里这简直就是一个奇迹。杨紫琼在事业上的追求，和她今天的成功给所有人展现了女性的力量。她得奖的时候说："女士们，永远别让别人告诉你，你已经过了巅峰期，永远不要放弃。"她的故事和精神激励了很多女性：内心强大的女性不需要用年龄定义她的一切。

而这也正像当初走后的"娜拉"，在推门离开那个房间时的心情，女性可以勇敢地追求自己想要的生活，在这场看似遥远且未知的旅途上，充满了冒险，是女性为之探寻和重建的世界。

## 母亲的告白

《欢喜》来自意大利女作家达契娅·玛拉依妮的作品,她曾经多次提名诺贝尔文学奖,这部作品介于想象和非虚构之间,一部自传体小说,我在她以自己为主角的口吻中,看到了一个女人的一生。小说中的她在怀孕七个月的时候失去一个男孩,她给他起了个名字叫"阿失",并在往后的岁月里,她和这个幽灵对话、生活、辩论,让我通过她在教育、抚养儿子的过程里，重新梳理了女性在社会中所面临的那些问题，关于女性的尊严、社会价值、性别歧视等议题，读者会跟着玛拉依妮以女性的视角走进这本自传——一个母亲对世界的告白。

生育是所有女性要直面的人生课题，一个生命的降临，对于一个家庭来说绝对是惊喜和礼物，可是在一个生命孕育另一个生命出世之前，从一个女孩到女人的过程往往会被人们忽略，那些书写女孩成长故事的并不是很多，我们甚至看不到那个女孩清晰的面容，鲜艳的花朵在完全盛放前，那股含苞欲放的状态和莫可名状的少女的哀愁极为相似，也是男性作家鲜少描述的部分。

在《欢喜》里作者有自述她的成长，从她六岁开始说起，没有更多细节的讲解，这是一次并不愉快的经历，父亲那天心情不好，在没有任何调查的情况下，无故指责女孩把墨水洒在了书上，这种冤枉让女孩感到伤心绝望，她从未如此被人不公地对待过，而对待她的人竟然是她最亲近的人，一时间，无法接受事实的女孩，离家出走了，她一个人去了公园和附近的街区，父母急切地在人群中寻找着她的身影，终于在警察的帮助下，母亲找到了她，并紧紧将她拥抱在怀中。

带着这个童年伤痕的女孩渐渐长大了，虽然这件事情不了了之，却在她的心中埋下了很深的阴影，这是她第一次对不公的事做出反抗，也是她生命成长路程里不可抹去的经历，一个小小的自我意识在苏醒。

波伏娃说"女人不是天生的，是后天造就的。"她在《第二性》里这样讲道，这部作品也是诸多女性主义封为神谕的经典，我们在玛拉依妮的文中也看到了，她对此深有同感，更多时候女性是在后天被改造成为女人的。

她们在人类不断繁衍生息的历程中占有绝对存在的意义，男性逐渐成为社会的主体，充当着领导者的角色，也说明世界是属于男人的，而女人则成了附属于男性的角色，更具备配合的精神，女性不是这个社会的 C 位角色，她们压抑了才学和智能，成了生育的工具。

小说中的女主人公怀孕了，她在病床上为小生命挣扎痛苦，女性在孕产的那一刻，几乎倾尽了生命所有的力气，没有比这更痛苦的表达，它记录了人类的繁衍生息、母性力量的伟大。她终于在精疲力竭中昏沉睡去，在和死神打了一个照面后，从床上睁开了双眼，苏醒的那一刻，她得知一个生命已经离开了她的身体，失去了与她相处七个月的孩子，这是个巨大的打击。

当有人问"女性的痛苦是一种景观吗?"

我想说站在男性的视角上来看的话,女性痛苦与他无关,无论是生育痛苦,精神痛苦,男性其实都是无法感知的,很简单来理解,就是他没有能力去感知生育的疼痛,所以当说到"女性痛苦"的问题的时候男性是无法与女性共情的,"生孩子为啥哭啊?有那么疼吗?"他只会不理解地看着痛苦生产的女人。

反之,站在女性角度来看的话,尤其是亚洲女性,大多是隐忍的,痛苦也会沉默,在这种表达上我们是含蓄的,就像韩国小说《素食者》里写的那种，女主面对不做家务，不与她沟通的丈夫，表现出来的反抗就是：不说话、分居、吃素，这是一种被规训后的女性形象，用沉默来反抗父权，很显然就是波伏娃说的"女性是后天形成而不是先天形成的，如果把一个男人放进女人的处境里他就成了女人。"

女性从小到大被规训得很多，"女生你不要这样做、女生你不要那样穿"，这种规训一旦久了便形成一种模式，一旦有人做出不一样的行为，就会被社会批判，所以文学作品里很多书写女性的角色，大多是在展现不符合社会主流的女性故事，《傲慢与偏见》里的伊丽莎白、《包法利夫人》里的爱玛、《红楼梦》里的史湘云等。

其次是女性没有男性那么容易社会化，女性进入社会后更多是回归家庭，不能像男人那样去职场，进入社会去社交，女性面临很多客观现实的问题，比如婚后无法在家庭和事业中平衡，她要做出选择，时间和精力的分配更多在家庭内部消耗掉了，但是男性可以不用考虑这些问题。所以说女性的痛苦容易被忽视，或者说被漠视，有其原因所在。

玛拉侬妮用作家的想象力虚构了这个已经失去了的孩子的成长过程，在这个漫长的虚构里，她几乎涵盖分析了孩子在成长中能够遭遇到的所有关于心灵、精神、外在世界的问题，她对他循循善诱，想把他教育成一个有独立思考能力的人。我们在作家母亲和儿子之间的对话里，看到了男人和女人思维方式的不同，在他们的争执和碰撞里展现了两性之间的差异。

是的，她生了他，但并不代表他会尊重她。

玛拉侬妮分析阐释"他"的欲望、暴力和厌女情结从何而来，为何可以不平等地看待所有女性？觉得女性天生就应该比他低一级？当这个世界赋予男性太多特权，他们并不会遭遇女性的那些不幸时,当意识到这些不可逾越的鸿沟时,公平和正义该怎么平衡?这值得我们去深思和探讨。

作者让人们冷静下来,重新回到理性的世界,去正确看待女性和男性,并且在书中有理有据把一个母亲的所思所想写了下来,小说从头至尾都在一种极其冷静又理智的调性下叙述,我们看到了母性温柔的外衣下那一把尖锐的刀,再次被女性智慧的魅力所打动。

女性写作的闪光一刻,是面对社会的既定约束不妥协,是一种试图脱离社会化语言带来的桎梏,这是爱与渴望的乐章,是我们曾经熟悉却又远离的、没有被覆盖的、失落一角的女性故事,她的每一个章节都用最真诚的文字,讲述了属于众多女性的现实。

"我们应该以一种发展的眼光来看待眼前的得失。力量强大的一方固然暂时赢了,但并不意味着它的力量在走向理性和进步,也不意味着过往的努力和斗争没有意义。在真正被看见,真正被平等对待之前,我们唯有不断言说。"[1]

---

[1] 引文摘自《欢喜》。

## 《名利场》里19世纪的女性

说起女权主义的前世今生，以英国女性为例，在女性追求进步的历史中，也经历了各种风雨，英国的维多利亚时期，束缚女性的规约甚多，需要具备先知思想的女知识分子、女作家才可以打破屏障，在思辨和反思中找到破解的路径，而开辟这条路径不仅需要勇气，更需要智慧，如郁金香在夜晚盛开，巧妙地躲开了烈日的光照，在拥挤的花圃里耀眼绽放，带来满屋的花香四溢，在温柔美丽的外表下，我们窥见了它顽强的生命力。

18世纪的英国女作家玛丽·沃斯通克拉夫特曾在《女权辩护》一书里大声疾呼两性平等，女性应该享有和男性一样的教育权、工作权和选举权，她们在家庭内部无法享受这一切，女性上升的外部渠道几乎为零，只有进入婚姻才是女性被社会认可的正道，玛丽作为早期的女权运动先驱，在书中论理清晰地分析了当时女性面对的问题，并全部写了出来。伍尔夫也曾经感慨那些16世纪的女性为何鲜少在历史上留名，她们更多出现在男作家的著作中，以至于女性很久以后才可以"拥有一间自己的房间"。

如果我们重新回到小说的世界,是否可以找到她们的身影呢。

19世纪的英国小说发展繁荣,伴随着浪漫主义的袭来,以及哥特小说的流行,出现了一批批判现实主义的作品,我们在这些作品里看到了当时的女性身影,作家讲述着关于"她们"的故事,比如简·奥斯丁的《傲慢与偏见》《爱玛》等、勃朗特姐妹的《简·爱》《呼啸山庄》等,都是极具代表性的英国女性文学作品。

当时大量的小说在报刊上连载，连载小说就是在维多利亚时期开始流行的，其中有一部备受人们肯定的作品，那就是英国著名的作家威廉·梅克比斯·萨克雷的经典小说《名利场》。该小说描绘了一幅19世纪的浩浩荡荡的英国浮世绘，小说歌颂真善美，抨击假恶丑，在这部没有英雄的小说里，只有名利、权势、金钱，还有为了追逐它们而丧失人性的众生相。小说的语言一贯继承了英国文学的幽默讽刺，小人物的命运被无情地投入到这个残酷、势利的名利场中，萨克雷用现实主义文学的力度揭示了19世纪上流社会及底层人们的生活，小说里的种种也是当时女性生存的真实写照。

这部鸿篇巨制一千多页，足足60万字，比工地上的砖头还要厚，洋洋洒洒的故事中出场的人物数达百人，每个人物没有陷入脸谱化，而是各具特点，主线以两名身处不同阶层的女性为代表，将19世纪的女性如一幅长长的画卷展示在人们的眼前。作品毫不夸张，也无过分矫饰的成分，作者娓娓道来，描绘了19世纪的社会群像。

当我经过多个昼夜，不停翻阅纸张，看完整部小说的时候，久久未合上书页，《名利场》里面的人物和对话，依然在我的心头萦绕。萨克雷的文字极具感染力，他塑造的人物时而可笑，时而荒唐，时而聪明，时而愚笨，小说中萨克雷会加入自己的评述,如旁观者一般分享他的感悟,就像在村口讲故事的老人,将那些泛着旧黄色泽的过去时光、所见所闻,绘声绘色地讲给每一个路过的人听。

小说中的两名女性,她们除了外貌同样美丽动人外,性情则大相径庭,一个温顺善良,一个聪明放纵。性格决定了她们的命运,因出身背景相差悬殊,命运归途也各不相同。善良的阿米利亚出生在一个富有的商人家庭中,衣食无忧,对人和善,没有过多的防备之心,典型的维多利亚时期传统的女性;聪明的夏普出生在一个贫困的家庭中,父亲是穷困潦倒的无名画家,母亲是一个落魄的舞蹈演员，他们很早就相继去世了，出身卑微的夏普，更早接触社会，洞悉人间冷暖，性格上自私冷漠、贪慕虚荣，一心想要改变自己的阶层。夏普在女子学校认识了白富美阿米利亚，与其交往了起来，两人在这里相遇，故事由此展开。

她们在女子学校长大，阿米利亚以单纯平和的心对待周围的人，每天都是快乐、简单，甚至是笨拙的，而夏普心思沉重，总想逾越自身的阶层，去上层社会，渴望在那里站稳脚跟。19世纪的女性能够改变命运的方法和渠道极为狭窄，女性大都通过婚姻改变人生。当夏普得知阿米利亚有一个和她一样富有的哥哥时，她开始动起心思，决定主动勾引对方，想方设法嫁入豪门，却不料被上流社会的人看破，她被无情驱赶，计划以失败告终。

在英国这样等级森严的社会背景下，想要攀登高阶是非常艰难的，夏普为了摆脱所在的阶层，时时刻刻活在算计别人的狭隘世界里，她的世界也充满了阴暗与狡诈，她也是当时部分社会女性的代表，老萨克雷对此不禁深感时代的残酷与无奈。

时间不断向前走，故事中人物命运的齿轮开始转动，聪明的夏普一次次尝试阶层的"飞跃"，为达到目的不惜利用身边的人，将其当成棋子和跳板，深陷在追逐财富和地位的旋涡中不能自拔。萨克雷用人物推动情节，在每一次冲突和转折里设置惊喜，和读者一同见证这个充满传奇的女人如何攀越那座阶层的高山。闪亮又短暂的光环笼罩着夏普，舞会的光影和酒杯碰撞在一起，在场的人晕眩、颤抖，让人一时分辨不清是真实的世界还是虚幻的梦境，此时此刻，维多利亚时期的风肆意吹起，从早晨到夜晚，从庄园里传来一阵阵愉悦的欢声笑语，夏普终于如愿以偿挤进上流社会，那个她渴望已久的世界。

萨克雷在这里书写了一位不同以往的 19 世纪的女性，在规训繁多的维多利亚时代，女性大多以温婉顺从的形象出现时，夏普的出现绝对是她们中的特例，小说很早就埋下了伏笔，她在女子学校的叛逆行为预示了她未来生命的不同走向。夏普对自己有着很高的自我认同感，她相信自己有能力有实力进入上层社会，所以才锲而不舍地追逐那个阶层，这种坚定与果敢在今天看来是令人唏嘘的。夏普即便聪明、自信，她的所识所学依然受到了时代的制约，她最初是一名家庭教师，在当时的社会，女教师的地位并不高，仅比仆人高一点儿。女性没有更加理想的晋升空间和机会，女性受教育的情况也不普遍。在经济上，她同样是匮乏的，原生家庭的贫寒无法支持她去开阔视野，接触更广阔的世界去提升自我。客观上的条件相对有限,她只有选择通过婚姻来改变自己的命运,周旋于有钱有势的男人身边,以一种赌徒式的方式过着并不体面的生活,试图从中找到更好的归宿、跨越自身的阶层,而这在当时是一部分女性的被动选择,也是19世纪夏普这类女性的现实写照。

英国作家王尔德曾经在他的文艺批评文集里提到了萨克雷的《名利场》,关于这本小说背后的八卦也别有意味,原来老萨克雷写的夏普是有原型的,她就是一名女家庭教师,为了进入上流社会无所不用其极,在阶层固化的英国社会这位女士最后还是以悲剧告终(现实和小说都失败），简直是女版的莫泊桑的《漂亮朋友》。

如果夏普能在大学里继续深造，考取学位，学得一门专业，凭借她的才智在社会里找一份体面的工作，去实现自我价值，终其一生，就不会沦落到小说中悲剧的命运了，她的结局是时代的必然性，她虽有反叛当时父权社会的思想，却无力改变整个社会的大环境，这无疑是当时女性的一种悲哀。

由此可见，19世纪的女性通过自己的能力实现自我的价值是艰难的，她们无法从事像男人一样的工作，也没有经济来源。伍尔夫曾经指出经济独立是女性独立的重要条件，婚姻不应是女性命运里唯一的救命稻草，两性之间的差距在当时是不言而喻的，男性更加社会化，从事商业、社交活动，游走在社会领域的各个层面，也沿袭了父权社会里的大男子主义的传统，而女性则处于从属地位，更多在家庭内部活动。

小说中出身富商家的公子哥乔治，就是其中的代表。他是典型的高富帅，家庭的优渥为他带来了很多便捷，他不顾家庭的反对，和渴望爱情的阿米丽亚私定终身，结婚后，他并没有改掉纨绔子弟的恶习，依然混迹声乐场所，在婚姻中出轨不忠，阿米利亚全部看在眼里，并一次次原谅他，"温顺"的妻子形象在维多利亚时期被广为盛赞，但对于女性来说是极其不公的体现，这种所谓坚守妇道的忠贞无疑是对女性的压迫，阿米利亚是坚守旧时道德的典范，她性格中的懦弱也是一部分原因，没有真正建立独立的人格。

小说中阿米利亚的软弱和乔治的强硬形成了鲜明的对比，在没有忠诚和爱的婚姻里，欺骗成为这场戏的主角，即便阶层同样的两个人结合在一起也并不代表是幸福的，他们的心不曾靠近过彼此，充满廉价的同情的爱更像是高高在上的霸凌，乔治对阿米利亚的蔑视在婚内渐渐显露，妻子无法感受到丈夫爱的温存。婚姻制约了阿米利亚，但并没有制约乔治，不幸的婚姻导致她承受了太多的孤独和痛苦。她更多以工具人、妻子的从属地位而存在——一个并不总是表达个人思想的必然角色。

当拿破仑在滑铁卢战役中失败后，夏普和阿米利亚的命运像被上帝重新洗牌一般，从此发生了逆转，乔治在战争中丧命，阿米利亚的家族破产，双重的打击令她陷入人生的沼泽，从来没有遭遇过太多磨难的阿米利亚此时伤心难过，一个人面对着至暗时刻的到来；而夏普则通过自己的各种"努力"如愿以偿登上了上流社会的殿堂，甚至觐见了国王。

世事总是无常,对此,萨克雷在笔下感慨过无数次,他一边写这个故事一边时不时冒出来发表一番言论,和我们分享他的感慨,他邀请读者一起坐上这辆承载着小说人物的马车在午夜里狂奔,他的叹息像纸张上的尘灰,吹一下就会尘土飞扬起来,散落在雾霭重重的伦敦大街上。

《名利场》是一个巨大的人性试炼场,让我们看到急切、焦躁的人们渴望进入那个镀上一抹黄金的上流社会,小说中的人物你方唱罢,我登场,各路人马,各显神通,为了得到名与利连亲人和朋友都去伤害、去欺骗,即便费尽艰辛万苦,也没有圆好自己的梦,赔了夫人又折兵，最终还是坠入了深渊。

　　小说看到这里，总让我想起中国的名著《红楼梦》，曹雪芹倾尽心血用一生的时间写下这部不朽的名作，大观园里的人们，走马灯一样，来来回回闪现，那些小姐丫鬟少爷，哪一个不是时代的小小缩影？那些达官贵人、上流名伶不也是名利场的过客吗，其中的酸甜苦辣，只有品鉴、体验过的人才知道真正的滋味吧，所以他才赋诗一首，自题一绝：满纸荒唐言，一把辛酸泪。都云作者痴，谁解其中味？后来张爱玲用十年考据了一部《红楼梦魇》，她的这部红学研究论著，远看是红楼，近看才发现是一场"噩梦"，自己也一时从梦中惊醒。

萨克雷的《名利场》又何尝不是如此呢。

时光荏苒,当人生再次轮回一遍,小说中的人各自步入中年的时候,善良的阿米利亚经历重重的磨难又重新回到了最初那个温暖富裕的家庭,找到了一直守护自己的真心爱人,两人有情人终成眷属;聪明的夏普机关算尽还是回到了贫困的生活里,那是她最初熟悉的环境。这也许是萨克雷最高超的讽刺——两人的命运又回到了人生的起点,追求到最后,原来不过是水月镜花终是空。

这个"名利场"洗尽繁华，淘汰了一代又一代人，可还是有野心家跃跃欲试，跳进去尝试各种滋味，仿佛人生只有这一种活法。萨克雷看透其中奥秘，真真实实记录了这段历史，用尖锐的笔触刻画了19世纪的时代群像，谱写了女性命运的悲歌——19世纪女性因时代受到了诸多的制约，它让我们重新思考女性的未来，独立和自我是何其重要的事。

萨克雷以超世的眼光著书立传，用鹅毛笔写下一页页可悲、可叹、可笑的人们。在要告别这场人生大戏的时候，这个会说故事的老家伙独自一人收拾起箱子，装起了木偶，关上了幕帘。

# 附 录

## 时尚港女——黎坚惠

我知道黎坚惠是因为一本时装书《时装时刻（1987—2007）》，记录了她从1987年到2007年的时装从业经验，也是她的个人传记。黎坚惠是香港的潮流教主，香港杂志《号外》的时装编辑，不禁让人想起电影《穿普拉达的女王》里梅丽尔·斯特里普饰演的时尚女魔头。黎坚惠20世纪80年代就已经涉入时尚圈，对时装的理解有自己的态度和思考，她的时装哲学至今被时尚圈提起，更是香港时装界师奶级别的人物，天赋的品位也影响了香港的时装风尚，比起现在的时尚写手，黎坚惠应该算是中国时尚写手第一人了。

我第一次看到《时装时刻（1987—2007）》这本书是繁体字版本的。因为钟情于时尚，我为此关注了黎坚惠。当时觉得封面和名字很诱人，一个时装人通过时装来观察这个世界，想说那该多有趣，多么与众不同，好奇心多过于获取知识的心。看完才知道，黎坚惠在这不长也不短的20年里，走遍时尚圈，用文字和图片记录了她与时装界的那些年、那些事和那些人。

这本设计精美的时装书，翻开书页，里面的装帧和设计有着黎坚惠作为时尚人士才有的巧思与用心，时髦又实用，干货许多，照片上有她个人收集的时尚单品，还有一些是她与当年合作的明星的合照。

时隔多年再次在公共领域看到黎坚惠三个字，是某天从社交媒体上看到的一则头条新闻，竟然是黎坚惠因患癌去世的消息。直到现在我也是震惊有余，就仿佛是前几天刚见过面的老友，突然被告知离世一般，心中为之一叹，感慨生命的匆匆，如此脆弱。

我又从书柜里拿出这本书，仔细端

详，开始翻看，2008年、2023年读同一个黎坚惠已是大不同，每每读起，依然能获得新的力量。她行走在时尚江湖的身影，不断追求女性的自由与独立，慢慢渗透着自己的时装哲思，在充满激情（passion）的文字里，不是八股文的刻板，而是松松散散，张弛有度的真性情，让人感受到那份久违的觉知：进步、豁达、干净和体面（decency）。

黎坚惠是较为典型的香港女人，知世故而不世故，为人精明，其实很念旧。想起亦舒笔下的女主人公，她们匆匆忙忙，一身干练的傲骨，行走在高级的办公楼里，时髦又大气；她们看上去精瘦、短发、硬朗、利落，做起事情来一丝不苟,样子不会给人以太多讨巧的姿态,是特立独行的都市女性,有自己的想法,不轻易被人左右和改变,不温柔也不乖巧,不是第一眼美女,而是越看越有味道的那种久经历练的女人。

正如书中照片里的她,短发、干练的模样,书里面有一个三折页的拉页,拉开,满满一大张,拼合在一起的单人照,是黎坚惠每天出门时在镜子前拍下的穿着各种服装的自拍照,每一小张都有写明衣服、裤裙、鞋子、包包的品牌,每天的行头都不重样,做得好生用心。

原来时装人也并非容易,勤奋不

偷懒，十年如一日，每天都要"对镜帖花黄"，穿衣打扮需要时间，需要经济依仗，更需要有一颗懂时尚的心，全部汇聚在一起，方能久练成精。黎坚惠的"精"已是炉火纯青，不仅穿衣有道，也悟出人生的哲理："先乱来后精专，风格渐成"。黎坚惠并没有被眼花缭乱、五光十色的时尚圈蒙住双眼和心智，总是有自己的价值观和态度。时尚的品位和嗅觉就这样从生活中一点一滴地积累起来了。

时尚究竟是为何物各有分说，很多时候连权威的西方时尚掌门人都很难解释清楚。换句话说，某一物的形成或流行必有内在的本质所依撑，时尚不单单是穿在身上的皮草、钉在耳朵上的银环、时装T台上的闪亮模特,时尚也是一种做人的态度、做事的观点,一个人风格的体现,一种生命的样本。

fashion taste(时尚品位),这个东西听上去有点虚晃,不好具体细致到某一物体上讲。那究竟什么是 fashion taste 呢?好,说 fashion taste 之前要先说 taste。

我曾看过一个关于乔布斯生前的采访,大致是说他怎么将"苹果"发展壮大起来的。苹果手机的诞生是一次革新,他完全改变了人们固有的思维模式,就如他所说编程是一种思考方式,他创造了一个不同于其他手机的新物种,燃爆了整个21世纪。

采访中乔布斯提到了微软,他的不屑之情写在脸上,他对微软的粗糙不完美表示出否定的态度。他认为,人性化才是主体,他对界面图形的要求非常苛刻,这说明他对美的事物要求很高。怎么判断美的事物,就需要你有taste。关于taste,他说Ultimately everything comes down to the taste,我的理解是品位决定一切。

你最终的品位汇集在一起,会将你的专业、创作的东西推到一个比较高的层面上,越有品位越能接近准确。

黎小姐在20世纪90年代对奢侈品的理解很有见地，时尚不是单单只谈皮毛。她去参加时装周、去国际时装流行的中心，走访奢侈品的老巢，看那些精工细纺是如何生产制作的。她的态度明确："90年代的fashion卖的不是衣服，卖的是style或态度或方法。如果付了钱只得到堆积如山的衣服而没有其他，那也好算Fashion Victim（时尚受害者），共勉之。"

这种准确的时尚嗅觉正是多年修炼得来的。

原来时尚并非如今土豪一族的单薄认知：闪瞎眼的Logo（标识）、身份的象征物、上流阶层的名片。

如此这般，岂不是太过乏味。正如黎坚惠所言："买名牌的人多，穿时装的人少；性格和气质并不是由价钱决定的。当你有足够自信，清楚认识自己之后，就可以立足自己的世界。"这个认识的过程里包括选错衬衫，买错衣服，也像我们的人生，是一个不断试错的过程，总在尝试或挑战各种难题，相信终有一天会找对自己的服装，穿出自己的风格。

看到大学时光的黎坚惠，那种知识女性的进步思想催发人的志气，向上又明亮，唤醒每一个昏沉消弭时的我。

"我们甚至不需要谈恋爱,是那么纯粹地为了好时光,要玩就要最好玩,要读书就要最好成绩,要比赛就要赢,要演戏唱歌就要做最出众的那个,而且有自己一套,不屑做别人做过的。我们是还会认真的一代。而我前面的人跟我后面的人的确是两种价值两种态度两种气质,有幸或不幸地,我们每个人其实都是一座桥梁。"

她对同代人的感慨以及担忧也写满了纸张,在做编辑时更是如此,回答读者的信件,针砭时弊,思想碰撞,不同的观点,不同的人,不同的阶层,在笔下生花,互相激荡,通过时装这座桥梁,让我们认识世界,发现不一样的世界。

正所谓"懂得尊重别人的自由,懂得放开眼光去看世界,似乎真的跟年纪无关。"

于我印象深刻的是书中写黎小姐从事时尚编辑的事,着墨不多,我看后深有感触,那种无奈和赶稿,职场的争与斗,都是日与夜的积累,时间久了,总会有疲乏,黎坚惠感慨:"工作的确带来满足感,但我不能说自己快乐。"上过班的职场女性大都颇有同感,即便偶尔说快乐,那也是哄骗自己,得开心的。时间有限,人生出场不同,人总要留点时间,做自己喜欢的事,穿自己喜欢的时装。

现如今，格子间的职场女性，每日每夜，上班下班，生生不息，在家庭婚姻与事业之间忙碌、循环，试图寻找一个理想的平衡点，这样看起来，反而比以前的我们负担更加沉重了，这是现代女性的"通病"，也是要面对的现实。

如书中所言："现代女性之所以现代，就是因为对自己有要求，除了找爱情、生孩子，还希望在事业领域里仍有自己的空间，又希望婚姻融洽、亲子关系良好，同时又要靓、又要瘦、又要追上潮流、又要寻找心灵的平静，还要不断学习，保持内外都生机勃勃。"

这"生机勃勃"的背后,都要付出一定的辛苦与时间,靓丽的身段非一日之功,健身房的汗水说明一切,就是这般道理。穿出风采,需要百炼成钢。这么看来,时装并非我认识之初所理解的那样浅显了。

合上书,有些不舍,时装才女的箴言,还在我的耳畔轰鸣,试问,你我谁不是这世间的行人一个,走过山川与江河,最后相遇在时尚这片汪洋大海里,游弋半生,终能抵达彼岸。

看风风火火、真真烈烈的港女时装生涯好不热闹。喧闹有时,安静有时,人总要有谢幕的时候,可是这一切来得有点太早,也有点突然,心有余悸想起她曾在书中提到的一句话,貌似做了她生命最佳的注解,也在提醒着我——

"然而,生有时,终有时,任务完成,不妨退下。"❶

---
❶ 引文摘自《时装时刻(1987—2007)》。

## 《春娇与志明》：现实以上，浪漫未满

昨日夜雨倾盆，白天也未见晴朗的天空，就像一直吃不到糖果的闷闷不乐的小孩，然而这种坏天气也适合看那种精致俏皮的爱情小片儿。比如香港导演彭浩翔多年前拍的爱情电影《春娇与志明》，值得我抽出人生的两小时投入这部电影的世界里。

直到现在我再想起这部电影，里面几个经典的镜头我都觉得犹如眼前。女主角一头时髦又亮晶晶的紫色短发随意地被风吹得凌乱飞舞，也吹得人心动不已，爱情分泌出来的多巴胺和荷尔蒙让他们两个人产生了神奇的反应。职场的中场休憩区，两个人安安静静地在肮脏又狭窄的过道里抽着烟。在烟雾缭绕的环境里，谁也没有把爱说破，那是爱情欲说还休的余味，爱的情愫在这里悄然发芽。当光线打在他们头顶上的时候，那道带着爱意的光束慢慢铺满了两个人的全身，这一刻，是电影最美的画面。

男女主角演绎了一对都市男女的爱情范本，细腻、琐碎、暧昧、不安、误会、争吵,这些是在爱情里统统会经历的一切。好与坏、对与错,我们甚至很难为爱情下一个完美的定义。当我们去寻找一切可以证明爱情存在过的证据时,它又像一缕青烟,消散在风中,有时候也无法让它进入公平的讨论区域。在这个情感的世界里,天平总是有一方是倾斜的,那个爱得更早的人,往往用情最深。我们一旦陷入就很难抽身,也无法做一个清醒的置身之外的人。投入爱情中的人们就像飞蛾一般不顾一切地扑向熊熊燃烧的烈火,那样的热烈又如此的残酷。

因为香港的禁烟令,电影中让很多抽烟的人士不得不躲在角落里过足烟瘾,也因为这个契机,广告公司的志明和在化妆品专柜工作的春娇相识了。工作之余,他们总是在熟悉的地方抽烟,见面的机会一多,两个陌生人开始聊起各自的事情,渐渐对彼此产生了好感。烟作为媒人,让他们走到了一起。春娇比志明大4岁,却并没有因为年龄的原医产生隔阂,爱情往往与年龄无关。

张爱玲在小说《半生缘》里说道:"我要你知道,在这个世界上总有一个人是等着你的,不管在什么时候,不管在什么地方,反正你知道,总有这么个人。"

志明和春娇的爱情就像张爱玲说的

那样，在对的时间遇到了对的人。在两人相识的短短七天里，他们身上发生的事好比别的情侣认识一年发生的事。导演就是这么戏剧化，爱情的化学反应成就了这段佳话，所有爱情里应该发生的事情他们也全部应验。

志明和春娇一起躺在酒店的床上，他抱着她说："有些事，不用一个晚上都做完，我们又不赶时间。"这是志明对春娇的告白，也可以说是他当时的托词。不管怎样，在那一刻里，沉默胜过千言万语。爱情不需要用时间做对比，也不是一道数学题，那些暧昧不明就像房间里的烟雾，只是虚晃了我们的眼睛，只有相爱的人能够看清楚彼此的脸。

如今看到越来越多的男女相亲不再是谈爱，而是谈过多的经济。现代婚姻的诟病之一就是大家只谈合适，而不谈恋爱，而这两者并不是一个单选题，单纯的恋爱脑也不是最佳的选项，所以往往需要有平衡的艺术，才能将爱情经营得刚好适度，不然当婚姻还没有枝繁叶茂的时候就会很快凋零。

电影丝毫没有让人感到脱离现实的意义，面对生活的现实，志明和春娇也有很多次沉默、迂回、犹豫，都市男女对情感不再冲动，而是踟蹰、互相猜测彼此的心，怕失去又怕深陷，正好也说明想浪漫又不敢浪漫的心态，在这里表现得很真实。电影非常写实，有时甚至真实得戳痛人心。导演彭浩翔讲故事的功力是有的，电影把都市男女的寂寞与不甘寂寞的味道拍了出来。我们看到了志明与春娇，也会想起自己的爱情往昔。

春娇和志明的爱情从便利店开始萌芽，那是春娇第一次见到志明，一个喝醉了的、神志不清的志明，春娇对他的好奇心在那时埋在了心底。

春娇第二次见到志明，是大家聚在狭小的巷口一起抽烟。其中有人趁志明不在现场八卦志明和前女友的事。春娇在一旁默默听着，志明的形象变得清晰了起来。众人说说笑笑，上班的疲乏也解除了许多。大家说完八卦，此时志明也来了，春娇正面遇到他，是一个清醒的志明。

两个人总是在小巷里抽烟，在一起聊天很合拍，就像认识多年的老友，一同看着空中乱飞的塑料袋发呆、深夜里在街上游荡、饶有兴趣地看着蜗牛趴在栏杆上、假装自己是外国人拿巡警开玩笑……这些琐碎的日常是他们在一起的证据，是那些心动时刻的碎片。

春娇和志明的爱情故事俗气但不平庸，和陷入爱情迷宫里的男男女女一样，有困惑也有快乐。

喜欢一个人就像加热的黄油,是被融化的温柔。

志明与春娇的爱情,宛如一个永远讲不完的故事,男女间的试探、暧昧、相守,纠缠、难分难舍,在繁华都市里两个人彼此温暖,彼此靠近,不再孤独地一个人去面对这个世界,总会有一个人在另一个人还没有回家的时候,心心念念发来一条"in 55iw!"[1]的简讯。

他们和红尘里的有情人一样,爱上一起走过的街、一起吃过的肉酱意粉,哪怕把干冰倒进厕所这种幼稚的事,和

---

[1] "in 55iw!":在电影中,这条简讯倒过来看,翻译成中文,意思是:我想你。

喜欢的人做也会觉得有意义。这些看似不可理喻又天真的行为,也是很多人当年为爱情发的疯。

"春娇与志明"在人海中相遇相爱,已经是一个奇迹,在这个现实又匆忙的世界里,有一个人为另一个人停下脚步,回头等你赶上自己的步伐,又是多么"伟大的纯真与浪漫",这样的爱情故事,也不只是一个传说。